辐照食品鉴别技术及应用

郑文杰　高旗利　宓捷波　主编

中国农业大学出版社

·北京·

图书在版编目(CIP)数据

辐照食品鉴别技术及应用/郑文杰,高旗利,宓捷波主编.—北京:中国农业大学出版社,2012.2

ISBN 978-7-5655-0470-9

Ⅰ.①辐…　Ⅱ.①郑…②高…③宓…　Ⅲ.①食品辐照-食品检验　Ⅳ.①TS205.9

中国版本图书馆 CIP 数据核字(2011)第 281931 号

书　名　辐照食品鉴别技术及应用
作　者　郑文杰　高旗利　宓捷波　主编

策划编辑　赵　中　　**责任编辑**　田树君
封面设计　郑　川　　**责任校对**　王晓凤　陈　莹
出版发行　中国农业大学出版社
社　址　北京市海淀区圆明园西路 2 号　　**邮政编码**　100193
电　话　发行部 010-62818525,8625　　读者服务部 010-62732336
　　　　编辑部 010-62732617,2618　　出　版　部 010-62733440
网　址　http://www.cau.edu.cn/caup　　**e-mail** cbsszs @ cau.edu.cn
经　销　新华书店
印　刷　涿州市星河印刷有限公司
版　次　2012 年 5 月第 1 版　2012 年 5 月第 1 次印刷
规　格　787×980　16 开本　11 印张　200 千字
定　价　24.00 元

编 委 会

序　言

近年来，世界范围内食品安全事件频频发生，食品安全问题成为全球关注的热点。根据世界卫生组织的一项统计，在发展中国家，通过食物感染疾病而死亡的人数占总死亡人数的1/4，其中，各种食源性致病菌和传染性寄生虫是死亡的主要原因。联合国粮农组织(FAO)估计全球农副产品、粮食和果蔬每年因虫害和霉变造成的损失约占收获量的25%，我国每年因保鲜不佳而造成水果腐烂超过8 000万t，经济损失达750亿元，约占整个产值的30%。辐照加工由于其独特的杀虫、杀菌、保鲜、延长货架期等作用，在增强食品安全和推动农产品贸易方面具有明显的技术优势，目前，食品辐照加工已经被世界卫生组织(WHO)列为本世纪国际重点推广项目。

我国辐照食品的研究始于20世纪50年代，90年代之后食品辐照技术逐步向食品工业转移，据2003年统计，我国有辐照装置190余座，设计装源能力30万Ci(11.1 pBq)以上的辐照装置为67座，2005年11.1 pBq以上的辐照装置增至84座，而功率5 kW以上的电子加速器达83台，辐照食品产值达35亿元，产量达14.5万t，占世界辐照食品产量(40万t)的36%，居世界首位，其中辐照香辛料、脱水蔬菜、大蒜及大蒜制品是主要产品，占90%以上。在相应标准方面，我国先后制定颁布了7大类20余种食品辐照工艺标准，并于1996年颁布了《辐照食品管理办法》，2001年颁布了《食品辐照通用技术要求》，2004年颁布了《预包装食品标签通则》，对辐照食品的辐照技术和标识管理进行了明确规定。

虽然我国在标识管理上有标准规定，但目前很难在我国市场上看到有标识的辐照食品，这一方面与消费者对辐照食品的接受性不高，食品商家和生产厂家担心消费者对“辐照”标识产生错误理解有关，另一方面也与我国目前尚无完善的辐照食品鉴别体系，无法切实执行辐照食品的标识管理有关。然而，随着辐照食品的卫生安全性得到国际权威机构的确认以及食品辐照规模的不断扩大，加强辐照食品标识管理正逐渐成为世界各国的共识，其影响有可能类似对转基因食品的要求一样波及全球。而辐照食品的鉴别检测方法是实施标识管理的重要手段之一，我国亟须加强相应的研究，以便于对国内和进出口产品进行管理。

本书概述了辐照食品技术的源起、发展、应用以及相应的法规，以辐照食品的鉴别技术为重点，集中介绍了微生物筛选、热释光、仪器分析确证等辐照食品鉴别技术的原理及应用的情况，力求反映目前国际上相关技术的最新动态，以帮助读者系统、全面、深入地理解辐照食品鉴别的技术和应用、发展情况。我们希望，本书不仅可以为政府监管部门、技术中心等执法机构建立相应检测标准，确立辐照食品鉴别途径提供帮助，也能为提高食品辐照相关专业人员的鉴别检测技术水平及完善我国辐照食品体系的能力建设做出贡献。

编 者

2011 年 11 月 11 日

目　录

第一章 绪 论

一、概述

(一)食品辐照的定义和特点

食品是人类赖以生存和发展的物质基础,应当具有营养、安全和应有的色、香、味等品质,但是,食品从生产到消费的过程中,通常需要经过加工、储存、运输、销售等过程,而这些环节往往可能被一些有毒、有害因素污染或食品自身的生化反应影响,导致食品品质的降低、破坏,造成食品的浪费,甚至引发食品安全问题。根据联合国粮农组织(FAO)估计,全球农副产品、粮食和果蔬每年因虫害和霉变造成的损失约占收获量的25%,仅美国每年因此损失就达50亿~170亿美元,我国每年因保鲜不佳而造成水果腐烂超过8 000万t,经济损失达750亿元,约占整个产值的30%。而世界卫生组织(WHO)的一项统计则表明,过去的几十年中,在发展中国家,由于食物感染疾病而死亡的人数占总死亡人数的1/4,其中,各种食源性致病菌和传染性寄生虫是死亡的主要原因;在发达国家,如美国每年大约有760万例的食源性疾病报告,其中约32.5万人住院,0.5万人死亡。

为了防止食品在贮藏、流通期间出现品质降低、破坏,人们常采用加热、干燥、腌制/熏制、冷藏/冷冻、真空、添加防腐剂、辐照、微波等方式进行食品保藏,其中辐照由于其独特的杀虫、灭菌、保鲜、延长货架期等作用,在保持食品品质和增强食品安全方面具有明显的技术优势,在很多国家和地区获得了应用。

食品辐照(food irradiation)是指利用电离辐射在食品中产生的辐射化学与辐射生物学效应而达到抑制发芽、延迟或促进成熟、杀虫、杀菌、防腐或灭菌等目的的辐照过程。根据GB/T 18524食品辐照通用技术要求,食品辐照所采用的电离辐射包括^{60}Co、^{137}Cs等放射性核素产生的γ射线,电子加速器产生的5 MeV或5 MeV以下的X射线和电子加速器产生的10 MeV或10 MeV以下的电子束。食品辐照的过程实质上是一个射线能量被吸收的过程,不同的食品具有不同的射线能量吸收的能力,食品在辐照过程中所吸收的射线能量以吸收剂量(absorbed dose)表示,单位为戈(瑞),符号为Gy,1 Gy表示每千克物质所吸收的平均能量为1 J。

与其他保藏技术相比，食品辐照技术具有如下特点：

1. 节约能源

据国际原子能机构（IAEA）统计，冷藏食品的能耗为 324 MJ/t，对食品采用巴氏消毒的能耗为 828 MJ/t，热杀菌的能耗为 1 080 MJ/t，辐照灭菌保藏食品只需要 22.68 MJ/t，若采用辐照结合巴氏灭菌保藏食品，则能耗仅为 2.74 MJ/t。针对具体食品而言，如马铃薯保存 300 天（防止发芽），冷藏法的能耗为 1 080 MJ/t；而辐照的能耗为 67.4 MJ/t，仅为冷藏法的 6%。

2. 保持食品原有品质

由于食品辐照主要通过高能射线实现加工，属于冷加工，可以在常温或者低温下进行，在处理过程中一般温升很小。根据吸收剂量定义及食品的热容量可以算出，对大多数蔬菜、水果保鲜，所需剂量为 0.1～1 kGy，在辐照中通常温升最高不超过 1℃，仍可保持原来的新鲜状态。所以，与常规的加热、微波、高温蒸煮相比，采用辐照处理后的食品一般不会丧失原有的色、香、味和外观品质。

3. 穿透力强

传统的杀菌保藏技术通常采用表面杀菌方式，如药剂处理，不能触及食品内部深层的病菌。而电离辐射具有较强的穿透力，以 ^{60}Co 的 γ 射线为例，其在水中的半减弱层可达 11 cm 水层，因此食品辐照过程中射线可以直接深入到食品内部，杀灭隐藏很深的病菌、害虫、寄生虫和微生物，达到长期保存目的。利用这一特性，食品辐照技术可以直接处理包装后的食品，便于消除后加工的二次污染；也可以对不同形态（液体、固体、干货、鲜果）的食品进行加工，尤其适用于那些怕水解、怕高温、怕冻伤而无法用其他方法处理的食品。

4. 无残留物

长期以来，气体熏蒸和化学处理一直是杀菌、灭虫的重要技术手段，但由于药剂本身的毒性和对环境的影响，目前其使用正逐渐受到限制。与化学处理或添加法相比，食品辐照属于物理加工过程，不加任何化学添加剂，也不需要任何化学药品，因此辐照后的食品不会留下任何残留物，也不会对环境造成任何污染。

5. 操作简便，易自动化

辐照加工过程简单，只要严格遵守工艺规范、操作就相当简便。操作人员只要根据辐照要求确定工艺参数，将食品由传输系统送入辐照区，经一定时间辐照后即可得到符合要求、可长期保存的食品，整个操作可用微机控制，能实现高度的机械化、自动化、连续化的大规模生产，尤其适于对高吞吐量的产品进行加工。

（二）食品辐照的国内外研究与发展

自 1895 年伦琴发现 X 射线和 1896 年 Mink 发现了 X 射线可杀菌后，利用辐照杀菌的研究就此展开。20 世纪 40—50 年代，包括中国在内的一些国家开始了在食品领域进行辐照灭菌的应用研究，至 60 年代，有 60 多个国家进行了相关研究，70 年代证明了辐照食品的卫生安全性，80 年代各国开始建立规程、法规、标准，90 年代后食品辐照的商业化和国际贸易获得了较大的进展。

我国于 1958 年开始建造研究用辐照装置，在五五、六五和九五期间都将辐照技术作为重点技术进行研究，20 世纪 90 年代以后辐照技术逐步开始向食品工业转移，并获得飞速发展，到 2005 年，我国设计装源能力 30 万 Ci(11.1 pBq)以上的商用 γ 辐照装置已达 84 座，功率 5 kW 以上的电子加速器为 83 台；2007 年辐照加速器达 100 台，在建 33 台，平均每年以 15%的速度递增。

据统计，2005 年我国的辐照食品产值达 35 亿元，产量达 14.5 万 t，占世界辐照食品产量(40 万 t)的 36%，居世界首位，其中辐照香辛料、脱水蔬菜、大蒜及大蒜制品是主要产品，其直接产值超过 20 亿元，社会效益巨大，近几年又有了进一步的发展。所以，从辐照食品的种类和数量而言，我国是世界上辐照食品应用最多的国家之一。

二、辐照的功用

(一)辐照射线的类型和来源

食品辐照中主要涉及 γ 射线、X 射线和电子射线，它们分别来自不同辐照源。射线的能量习惯上以电子伏特(eV)表示，$1\ \mathrm{MeV}=1.6\times10^{-13}\ \mathrm{J}$。

γ 射线一般通过人工合成的放射性同位素 ^{60}Co 和 ^{137}Cs 获得，^{60}Co 经过衰变后放出两个能量不同的 γ 光子(γ_1 1.17 MeV、γ_2 1.33 MeV)，最后变为 ^{60}Ni；^{137}Cs 经过衰变后则仅放出一个 γ 光子(γ 0.66 MeV)，变为 ^{137}Ba。

电子射线和 X 射线都是通过电子加速器产生的，其中电子射线是从电子枪发射，经电子加速器中高压电场的作用，不断加速后的高速电子，其能量由速度决定，一般控制在 10 MeV 以下；X 射线是指高速电子直接射入原子量较大的金属靶时，因在重金属原子核中发生减速而发射的一个连续光谱，其能量取决于金属靶的质量和电子能量，通常不超过 5 MeV。

(二)辐照效应

在食品辐照过程中，具有能量的射线会与食品中的各种成分、微生物发生极其复杂的理化过程。这些过程一般可以分为 3 个阶段，分别被称为辐照的物理学效应、化学效应和生物学效应。

辐照的物理学效应主要是指由光子或电子与物质原子发生直接碰撞所引发的电离、康普顿散射、库仑散射、轫致辐射和感生放射等效应。也有学者将这种效应称之为直接作用。这些作用一般会导致被辐照物质原子中的电子因吸收射线能量而激发、逸出，出现原子电离。尽管这种效应在辐照过程中必定发生，但不足以解释不同物质在辐照作用下出现的各种现象。

辐照的化学效应是指被辐照物质中的分子所发生的化学变化。这一过程通常分为初级辐射和次级辐射两步，在初级辐射过程中被辐照物质分子吸收能量形成离子，激发态分子或自由基；在次级辐射过程中上述辐射产物通过相互作用，生成与原物质分子不同的化合物。对于食品而言，其主要化学组成是水、蛋白质、糖等，其中水分子对辐照很敏感，会因辐照首先被激活，以电离方式产生氢自由基、羟基自由基等高度活性基团，然后这些基团进一步与蛋白质、糖、脂类和维生素等发生反应，并显著地改变原分子结构，这种作用称之为间接作用。对于含水量很小的食品，则食品有机分子在辐照作用下的裂解、电离等初级辐射过程是主要的化学效应。

辐照的生物学效应与食品在辐照过程中的化学变化有关。脱氧核糖核酸(DNA)和酶作为生物细胞中的重要分子在辐照过程中都会由于辐照的直接作用或间接作用，出现电离或激发，使其产生损伤。通常这种 DNA 分子或酶结构的破坏，会影响活细胞和组织的遗传、代谢反应，最终导致微生物活体死亡、组织停止生长等生物学效应出现。一般而言，生物学效应需要在一定时间后才表现出来，这与活体生物对辐照损伤具有恢复能力有关，这种能力与很多因素有关，但辐照的总剂量可能是最重要的因素，足够高的剂量可以制止恢复。不同生物对辐照的耐受能力不同，表 1-1 列出了不同生物的致死剂量范围。

表 1-1 不同生物的致死剂量范围 kGy

生物	剂量
较高等动物(包括哺乳动物)	0.005～0.01
昆虫	0.1～1.0
非芽孢细菌	0.5～10
芽孢细菌	10～50
病毒	10～200

(三)食品辐照的目的

利用辐照的物理学效应、化学效应和生物学效应，对食品进行辐照处理可以实现如下目的：

1. 灭菌和除虫

食品中常常附着有微生物、害虫和病毒等生物，这些生物的存在不仅会影响食品的品质、导致食品的腐败变味，还会对人体造成健康危害。而辐照过程中产生的射线具有极强的穿透性和电离能力，可以通过直接或间接的作用(自由基)破坏细胞的结构分子以及DNA，诱发生物学效应导致微生物/寄生虫死亡。实践表明：辐照后的粮食3年内不会生虫；对禽肉实施1.5～3.0 kGy剂量的辐照，可杀灭99.9%～99.999%的微生物(霉菌、大肠杆菌等腐败性和致病性微生物)；一般真空包装下，2～4℃时鲜肉的保质期是5～7天，而利用辐照处理后，在2～4℃下保质期可长达30天。

检疫辐照处理是辐照在食品领域中的又一重要应用。随着国际间贸易的迅速增长，有害生物随水果、蔬菜、肉类传带的风险也越来越高。目前，各国均采取严格的检疫措施来控制有害生物的侵袭。常用的检疫处理方法有化学熏蒸法和冷、热处理法。但是，化学处理法所使用的熏蒸剂，如溴甲烷、环氧乙烷等，会严重破坏臭氧层且具有极强的致癌作用。同时，化学药剂残留在货物表面，会对人体健康造成严重的损害。冷、热处理法需要消耗大量的能源，并且费时较长。这两种方法已不适应当前人们所追求的健康、环保的目标。国内外大量研究结果表明，辐照技术用于检疫处理是对化学熏蒸和冷、热处理方法的首选替代途径和有效补充，是21世纪最有前途的检疫处理技术之一，检疫辐照处理有广泛的前景和巨大的优势。

检疫辐照处理是指使用辐照处理限定有害生物，使目标有害生物表现出死亡、不能成功发育，如不出现成虫、无力繁殖，如不育性、灭活和失活，如种子可以萌发，但幼苗不生长，或块根、块茎或插条不发芽等反应，从而防止限定有害生物的传入和扩散。

相对于其他的检疫处理方法，检疫辐照处理具有以下4个独特的优势。

(1)保持货物的品质

不用升温即可对冷冻货物进行处理，不影响一些农产品的后熟。也不会像熏蒸和冷冻处理那样导致果蔬的褐变。

(2)快速、环保

与其他检疫处理技术动辄数小时甚至数周的处理时间相比，检疫辐照处理所需的时间只有几分钟到几十分钟。而且，检疫辐照处理一般在传送机构上进行，可连续作业并易于控制。辐照处理比热、冷处理耗能低。也不像熏蒸处理那样排放有毒气体，因此更加环保。

(3)辐照处理无毒、无害、无残留

检疫辐照处理不会产生化学药剂残留。

(4)免除二次污染

用于检疫处理的射线有较强的穿透力，因此可带包装处理，避免货物检疫处理时的二次污染。

最早关于检疫辐照处理的报道出现在1930年，Koidsumi建议使用X光对水果和蔬菜进行检疫处理。在此之后，Balock等提出用^{60}Co γ射线处理夏威夷实蝇。1957年美国进行了木瓜等热带水果果蝇的辐照效应研究，后来又进行了苹果蠹蛾、加勒比果蝇等的辐照研究。Balock等又提出用^{60}Co γ射线杀灭橘小实蝇（*Bactrocera dorsalis*）作为检疫处理的方法。在澳大利亚，Macfarlane、Shipp和Osborn及Eric等也分别提出用辐照处理昆士兰实蝇。1970年，联合国粮农组织（FAO）和国际原子能机构（IAEA）经过联合评估后认为：检疫辐照处理可以作为一种有效的方法用于果蔬的检疫处理上。从此，检疫辐照处理正式成为一种检疫处理方法。除了国际组织以外，一些地区性组织和国家政府也对将辐照列为植物检疫处理的方法。1989年，北美植物保护组织（NAPPO）将辐照列入检疫处理方法。1992年，欧洲植保组织（EPPO）、亚太地区植物保护委员会（APPPC）、南锥体区域植物保护组织（COSAVE）和区域国际农业卫生组织（OIRSA）等，将辐照列入对新鲜园艺产品的检疫处理方法。我国在2008年颁布了国家标准《植物检疫措施准则：辐照处理》，该标准规定了对限定有害生物或物品采用电离辐照技术进行辐照处理的具体程序和技术准则。

1989年美国政府正式颁布了批准辐照处理的夏威夷番木瓜作为有条件出口的政府指导。这是植物检疫辐照处理在实际应用中的第一列。2003年，美国允许其他国家在所属的植物保护组织和美国农业部动植物卫生检疫局（APHIS）的监督下，出口水果和蔬菜至美国。目前，美国已经进口了来自印度、越南和泰国的特定品种的经辐照检疫的水果。2003年2月，澳大利亚和新西兰批准可对杧果、番木瓜、荔枝、龙眼、面包果等9种水果进行剂量不超过1 kGy的检疫辐照处理。新西兰农业部在2004年、2006年和2008年分别批准允许从澳大利亚进口杧果、番木瓜和荔枝。2007—2010年共有1 669 t经辐照检疫的水果从澳大利亚出口至新西兰。2009年和2010年澳大利亚共出口263 t经检疫辐照处理后的杧果到马来西亚。

2.抑制发芽、延缓成熟

许多蔬菜、水果在脱离植株后仍具有生理活性，在存储过程中会出现进一步代谢和后熟现象，导致原有的营养成分被消耗，丧失食用价值。如根茎类蔬菜马铃薯和洋葱在常温保藏的情况下都会发芽，前者发芽后会产生剧毒的龙葵素，不能再食用，而后者发芽后则干瘪脱水，丧失价值。水果一旦后熟，则进入老化期，很快就会腐烂变质。辐照可以通过破坏酶或受体蛋白赖以生存的附着水环境，降低或钝化酶和蛋白的活性，从而抑制上述产品的代谢和后熟过程。研究表明：一般马铃薯常温保存 40 天，发芽率为 100%，而吸收 0.1 kGy 辐照剂量后，常温保存 300 天，不会出现发芽现象；用 250～350 Gy 对未成熟的香蕉或杧果进行辐照，可使成熟期推迟 16 天；用 2 kGy 或更高的剂量照射草莓，可使草莓在 5℃下延长货架时间 5～8 天。

3. 改善食品品质

食品的结构、质构、风味、颜色和营养价值都取决于食品中的碳水化合物、蛋白质、脂肪、维生素、酶、色素、风味物和水等，当辐照作用于食品时，这些组分会出现裂解、重构等效应，最终影响食品的品质。如经辐照后的酒可加速其醇（陈）化过程，增加香味；辐照过的牛肉更加鲜嫩可口；辐照过的大豆更易于消化吸收，适于特殊体质的病人食用；脱水食品经辐照后烹饪复水时间可缩短至原来的 1/5；辐照后的面粉，制成面包后体积增大，柔软性好，组织均匀，口感提高。

三、辐照食品的安全性及各国的相关法规

（一）辐照食品的安全性评价

食品辐照技术一直受到世界各国的高度重视。早在 20 世纪 40 年代就开始了食品辐照的研究，其重点放在辐照食品的安全性方面。例如，美国一份研究鸡肉辐照保存的报告长达 10 328 页，研究中耗费鸡肉 136 000 kg，使用实验大小老鼠 1 万只，这充分说明了科学家对辐照食品安全性的高度重视。经过长期研究与实际资料积累，国际原子能机构和世界卫生组织于 1980 年正式阐明：“食品辐照不是一种添加剂，而是一种物理学加工方法。任何食品当其总体平均吸收剂量不超过 10 kGy 时，没有毒理学危险，不需要做毒理学试验，同时在营养学和微生物学上也是安全的。”这个结论已经为国际食品法典委员会（CAC）认可，因而 10 kGy 剂量被称为“国际安全线”。国际安全线的确立，大大推动了世界各国辐照食品的研究和商业化进程。

辐照食品的安全性具体可以从以下几个方面分析：

1. 放射性评价

辐射是普遍存在的自然现象，太阳光、X 射线和 γ 射线都是辐射。虽然过度的辐照可能带来危害，但是适量的辐照可以杀菌、治癌，对人体是有益的。辐照食品过程中涉及的射线能量高，直接过量辐照人体是有害的，但辐照后的食品不会残留射线，所以由用来处理食物的辐照射线能够致癌来推论辐照过的食品不安全是不合适的。

事实上，涉及辐照食品放射性的一个重要因素是感生放射性。当电离辐射作

用到物质上时，其能量会传递给物质中的一些原子核，在一定条件下（射线能量大于原子核反应阈能）会造成激发反应，引起这些原子核的不稳定，使之产生放射性，这种现象称之为感生放射。对于食品而言，其主要组成元素为碳、氢、氧、氮、磷、硫等，其各自的核反应阈能如表 1-2 所示。从表中的数据可知，构成食品的主要元素的核反应阈能一般都大于 10 MeV，而根据食品辐照的定义，辐照源^{60}Co的 γ 射线平均能量为 1.25 MeV，^{137}Cs 的 γ 射线能量为 0.66 MeV，加速器产生的 X 射线要求不大于 5 MeV，电子射线能量不大于 10 MeV，所以在食品辐照过程中大多数元素不会出现感生放射现象。个别元素的核反应阈能比较小，如铍、锂等，但由于其生成物的半衰期很短，在辐照结束并到达消费者手中时早已衰变殆尽，并不会对人们造成影响。综上所述，辐照食品不存在放射性的问题。

表 1-2　食品中基本元素的核反应阈能及生成物的半衰期

元素种类	核反应阈能/MeV	生成物半衰期
12C（碳-12）	18.8	20.39 min
16O（氧-16）	15.5	2.1 min
14N（氮-14）	10.5	9.96 min
31P（磷-31）	12.35	2.5 min
32S（硫-32）	14.8	2.61 s
9Be（铍-9）	1.67	极短
2H（氢-2）	2.2	/
7Li（锂-7）	9.8	0.85 min
39K（钾-39）	13.2	7.636 min
40Ca（钙-40）	15.9	0.88 s
54Fe（铁-54）	13.9	8.53 min

2. 毒性评价

早期的评论认为，从理论上讲，食品辐照中会产生特定的辐照分解产物，因为在辐照过程中会有少量的能量转移至食品中去，从而引起辐照分解产物。研究证实，辐照食品时会产生一些短链的烷烃、烯烃及环丁酮类化合物等。

对于短链辐照分解产物，进一步的研究表明，在热加工中同样产生相同类型的分子，而且数量更大，因为热加工中转移的能量更大，所以美国农业部的结论是：没有理由要考虑辐照中产生特定的辐射分解产物。对于 2-烷基环丁酮类化合物，Delincee 等报道会引起实验动物的 DNA 障碍，Raul 等则报道该类化合物具有致癌作用。但 WHO、美国 FDA 和欧盟食品委员会通过研究认为,上述实验结论的证据不够充分或试验有误。所以,至今为止,国际社会基本认为辐照食品不存在毒性问题。

3. 微生物学评价

食品中微生物通常包括功能微生物、腐败菌和病原体。尽管辐照可能会造成 DNA 分子的变化,但一般认为食品辐照不会产生新的有害微生物。理论上分析,由于多次的辐照可能会引起微生物变种,从而产生抗辐射性,但目前尚未证实这种风险的存在。且在国际通行的辐照规程中,除了个别产品之外,一般都明确禁止对同一食品进行多次辐照或超剂量辐照。因此辐照食品基本不存在微生物的风险。

4. 营养学评价

一般认为,食品在正常推荐的剂量辐照后,其营养成分如蛋白质、糖类、微量元素及矿物质的损失很少。如 10 kGy 的辐照剂量下,研究者没有发现食品中主要营养成分的明显破坏;若采用 50 kGy 的高剂量辐照时,经化学分析证实,虽然出现多种营养成分的含量减少,但相应的变化量不大,而且,辐照后的生成物也并不是特定的。对于维生素,有报告称维生素 B_1 在辐照后容易遭到破坏,但辐照效果因维生素种类和食品种类的不同而异,一般来说,脂溶性维生素较水溶性维生素对辐照敏感。此外研究认为:辐照对蛋白质的影响与加热一样,其变化量比加热时更小。另外,对肉、鱼等多种食品进行灭菌剂量的辐照时,也未发现食品中主要氨基酸发生任何显著变化。因此,从营养成分的摄取角度分析,辐照食品中的主要营养成分并没有太大的变化,辐照所引起的损失可以忽略。

所以,至今为止,JFAO(联合食品及农业组织)、IAEA(国际原子能委员会)、WHO(世界卫生组织)、ICGFI(国际食品辐照咨询组织)及 FDA(美国食品与药品管理局)等专家委员会经过大量的研究得出的一致结论是:在特定条件下的食品辐照是安全的。

(二)各国关于辐照食品的法规

1980 年 WHO/FAO/IAEA 辐照食品卫生安全联合专家委员会得出结论:辐照食品总平均剂量 10 kGy 以下不需要做毒理学试验,无特殊营养和微生物学问题。1984 年 CAC 向成员国建议辐照食品 CAC 标准及辐照食品设施推荐规程。随后国际食品辐照咨询组织(ICGFI)按类别建立了 7 大类标准,即豆类、谷物及其制品,干果果脯类,熟畜禽肉类,冷冻包装畜禽肉类,香辛料类,新鲜水果、蔬菜类及水产品类,基本囊括了绝大部分食品。1997 年 WHO/FAO/IAEA 又召开了联合专家组会议，提出辐照食品是相当安全，营养适当的，不管辐照食品的剂量低于或大于 10 kGy。这一结论进一步促进了各国辐照食品的发展进程，至今已有 42 个国家共批准了 240 多种辐照食品。表 1-3 列出世界上主要国家及 CAC 关于辐照食品的法规标准及相应要求。

表 1-3　主要国家及 CAC 关于辐照食品的法规标准及相应要求

国家或组织	主要法规	辐照剂量	辐照范围	批准的辐照食品种类	标识要求
国际食品法典委员会(CAC)	1. 辐照食品通用标准(CODEX-STAN，1983：106，REV. 2003.1) 2. 预包装食品标识的通用要求(CODEX-STAN，1985：1，REV. 1999：2) 3. 食品辐照处理设备操作规范的推荐性国际准则(CAC/RCP 1979：19，REV. 1983：1) 4. 食品辐照加工工艺国际推荐准则，2003 年修订 5. 预包装食品标识的国际通用标准，1991 年颁布	10 kGy 以下，超过 10 kGy 的合理性辐照除外	国际上已基本达成一致，辐照食品范围为预包装食品、食品原料及半成品	ICGFI 推荐的 7 大类食品	必须标识
美国	美国联邦食品药品与化妆品法(2004 年 12 月 31 日修订) 美国联邦公告 179 相应条款	通常为 10 kGy 以下		小麦及面粉，马铃薯，茶叶，香料，干制植物调料，水果及蔬菜，鲜蛋，生熟猪肉、牛肉与禽肉等 18 种食品	
欧盟	1. 批准使用辐照处理的食品及食品成分名单(12. 5. 2006. C 112/6. Official Journal of the European Union) 2. 欧洲议会指令 1999/2/EC，1999/3/EC	10 kGy 以下		主要是香料、调味料和草药；部分成员国允许蛋类、禽肉、蔬菜、水产品等多种商品	

续表 1-3

国家或组织	主要法规	辐照剂量	辐照范围	批准的辐照食品种类	标识要求
中国	1. 辐照食品卫生管理办法，卫生部 1986 年颁布，1996 年修订 2. GB/T 7718—1994 食品标签通用标准 3. GB/T 18524—2001 食品辐照通用技术要求 4. GB 7718—2004 预包装食品标签通则	10 kGy 以下，并同意 CAC 意见		与 CAC 推荐的 7 类食品相同	
韩国	1. 分别在 1987 年、1991 年和 1995 年分别批准了多种食品的辐照 2. 进口辐照食品管控措施，2010 年 8 月实施	10 kGy 以下		干香料、混合调料、大蒜、洋葱、茶叶、蘑菇、人参、板栗等 24 种食品	
加拿大	1. 食品药品规则 1094——食品辐照，2003 年修订 2. 食品药物条例和法规 3. 商业进口食品指南（规定了允许辐照的食品种类、经过辐照和含辐照配料食品的标识）	10 kGy 以下		土豆、洋葱、禽肉、牛肉等	
澳大利亚和新西兰	澳新食品主管局（ANZFA）标准 AI7《食品辐照》	10 kGy 以下		热带水果、药草和香辛料	
日本	日本食品卫生法第 11 条第 1 款和第 2 款规定：日本厚生劳动省可根据药物事务与食品卫生委员会的意见制定销售食品及食品添加剂的生产、加工、使用、制备、储存等方法标准；标准一旦制定，食品及添加剂的生产、加工、销售、储藏、进口等都必须符合有关要求	0.15 kGy 以下	只允许辐照马铃薯块茎、根及整马铃薯	不允许对 CAC 推荐的食品进行辐照处理	

欧盟对辐照食品的管理和监督的法律基础是 1999/2/EC 和 1999/3/EC 两条

指令。下面将简要介绍这两条指令。

1.1999/2/EC 指令

1999/2/EC 指令对辐照食品的销售、标签、辐照设施和企业、辐照食品进口、生产环节和技术指标进行了严格的规定。

1999/2/EC 指令的适用范围：除病人使用的无菌食品和用小于 0.5 kGy 剂量辐照的食品外的所有食物和食物成分(统称食品)。

合格的辐照食品的条件：有合理的技术需求，不危害健康，对消费者有益，不作为卫生、健康习惯、优良的制造或农业生产的代替方案，处理过程中食品必须保持在卫生、安全的状态下，辐照源只能采用由 ^{60}Co 或 ^{137}Cs 产生的 γ 射线、机械源产生的电子射线(最高 10 MeV)或 X 射线(最高 5 MeV)，在食品加工过程中，辐照处理不能与其他化学处理同时使用。

辐照食品正面名单：欧盟将分阶段列出可以接受辐照的食品的名单，这一名单称为正面名单。欧盟各国均将接受这一名单中列出的辐照食品。在正面名单全面执行前，各成员国可维持现有的对辐照食品的相关规定和禁令。

辐照食品标签：所有经过辐照或含有辐照成分的食品，必须标注“经过辐照”或“经过电离辐照处理”字样。对于辐照成分，无论所占比例的大小，都应在成分表中以相同名称注明。

对欧盟成员国辐照设施和辐照企业的监管：各成员国相应的政府机构负责成员国内辐照设施和企业的审批和注销工作，并监管各个辐照企业的生产操作。各成员国须将获批的辐照设施和企业的名称、地址和注册号码上报给委员会。并每年提交年度报告。年度报告应包括：辐照设施和企业的检查结果、辐照食品处理加工的种类和数量以及辐照剂量。相关的年度报告将在欧盟官方期刊上刊登。各个辐照企业应保留完善的辐照处理记录至少 5 年。完善的处理记录应包括：接受辐照的食品的数量和理化特性、批号、企业提出辐照申请的负责人、辐照企业批准辐照的负责人、辐照日期、辐照期间食品的包装材料、辐照源种类、吸收剂量检测的方法和检测结果(包括最高剂量和最低剂量)、剂量选取的标准和原因等。

对进口辐照食品的监管：欧盟允许从欧盟以外的国家进口辐照食品，但是辐照食品必须在欧盟批准的辐照设施和企业进行辐照处理。欧盟负责审批第三国辐照设施的部门为欧盟食品兽医办公室(FVO)。被批准的第三国辐照设施和企业名单将在欧盟官方期刊上刊登。目前，有 10 个企业和设施获得批准。其中，南非 3 个、瑞士 1 个、土耳其 1 个、泰国 2 个、印度 3 个。

辐照食品的包装：辐照食品包装必须适宜辐照。

辐照剂量：欧盟认为辐照食品的总体平均吸收辐照剂量(overall average absorbed dose)不应该超过 10 kGy。总体平均吸收辐照剂量的计算比较复杂。在该指令的附件 3 中将这一计算简化为：总体平均吸收辐照剂量≈(检测到的最高剂量＋ 检测到的最低剂量)÷2。检测到的最高剂量与检测到的最低剂量的比值不得大于 3。

2. 1999/3/EC 指令

1999/3/EC 指令的主要作用是落实 1999/2/EC 指令提出的要求。该指令列出了辐照食品的正面名单。目前，该名单中只有脱水草本香料、香料和蔬菜调味料一类食品。该类食品的最大平均吸收辐照剂量为 10 kGy。

对于辐照食品的标识，国际上有统一的规定，其标识如图 1-1 所示。

图 1-1　辐照标识

我国在《辐照食品卫生管理办法》(1996)、《食品召回管理规定》(2007)和《食品标识管理规定》(2008)中也明确指出，凡是经过电离辐射或者电离能量处理过的农产品及食品都要进行标签标注，凡未贴标识的辐照食品一律不准进入国内市场。

四、辐照食品的分析需求及方法

(一)辐照食品的分析需求

随着辐照技术在食品领域的广泛应用，如何检测食品是否经过辐照处理成为许多国家、地区人们关注的焦点。确立辐照食品的分析方法并进行准确、常规的监控不仅有助于加强国家对特定允许辐照食品辐照处理过程的规范管理，防止违法辐照，而且可以强化辐照食品的标识，增强消费者对相应规范执行的信心。

1. 辐照食品的分析方法有助于监管辐照过程，防止非法辐照

不同的国家对于允许辐照的食品种类以及不同食品的辐照用途、辐照剂量都有详细的规定，但在具体的辐照过程中，因为辐照具有很好的灭菌效果，很多企业可能放松了对中间过程的卫生控制，细菌病毒严重超标的食品产品拉去辐照一下“达标”，所以有没有标准的产品都去辐照，而且辐照的剂量都比较大。事实上，并非所有的食品、产品都可以进行辐照，辐照的剂量也不是越大越好。如我国卫生部规定，不允许对含龙胆苦苷的药材如秦艽、龙胆及其制品进行辐照，这些产品在辐照后会丧失原有的镇痛、降压和消炎的作用。而过量的辐照则会对食品的颜色、味道、营养产生一些副作用，如脱色、有臭味、营养成分丧失等，一般肉类经大剂量辐

照后会产生异味，含维生素丰富的鲜花粉则会出现维生素降解的情况。所以，辐照食品分析方法是国家及相关部门进行相应食品、产品辐照与否或剂量是否合适的重要判断和监管依据。

2. 辐照食品的分析方法可以加强辐照食品的标签管理，保障消费者的知情权和选择权

虽然国内外的消费者对于辐照食品的接受程度因历史、文化、地域的差别而有所不同，但就像转基因食品要有标志一样，按我国有关标准、法规，辐照食品也是要使用辐照食品标签的，从而保证消费者有足够的知情权，可以在经不同方式处理后的食品间进行自由选择。然而，目前在国内除了方便面上有“XXX 采用国际惯用辐照杀菌技术处理”的表述之外，还很少有哪家辐照产品的包装上使用相应标识的。虽然很多地方的监管部门早就把不按照要求使用辐照标识的行为定为违法，并接受群众举报，但一直以来，尤其是 2006 年我国颁布第一个辐照食品检测方法的标准之前，由于缺少相应的方法而无法实施适当的监管。因此，辐照食品分析方法对于监管部门而言，是进行相应辐照产品标签与否的仲裁工具，是维护消费者利益的有力保障。

3. 辐照食品分析方法的发展可以有力地维护我国的进出口贸易

由于各国的历史、生活习惯及法规差异，目前世界各国允许辐照的食品种类仍差别较大，如美国基本上允许绝大部分辐照食品进口，而欧盟则仅允许对草药、香料和植物调味料进行辐照，日本则只允许辐照马铃薯，所以在进出口贸易中，我们需要应用辐照食品的鉴别技术判别出口产品是否满足进口国要求，否则就会对我国的生产企业造成巨大损失。如 2005—2007 年，我国出口食品先后十余次被欧盟食品预警系统通报非法辐照，2008 年日本检出我国的一批干香菇经辐照处理，并于不久之后启动了命令检测，使我国输日产品大量滞留。

综上所述，尽管一定条件下的辐照食品安全性毋庸置疑，但发展和应用辐照食品的鉴别技术对于建立并完善整个国家关于辐照食品的法规监管体系，增加并维系消费者对于辐照食品及相应监管的认可度，保障我国进出口贸易的发展和风险规避，都具有不可替代的重要意义。

(二)辐照食品的分析方法

一般规定，食品辐照剂量通常在 0.01～10 kGy 之间，其引起食品的外观、形状、温度及组成上的变化是十分微小的，因此，检测食品是否已被辐照和估测辐照食品的吸收剂量是十分困难的。

为此，1989 年国际原子能机构组织了为期 5 年(1989—1994 年)的辐照食品分析检测方法协调研究，这次协调研究将辐照食品检测方法推向了实际应用，推动了检测方法向国际标准化发展。目前颁布辐照食品检测法定标准方法的国家和组织主要有欧盟、国际食品法典委员会(CAC)、中国和日本等。其中以欧盟的标准最为系统。欧盟先后颁布了涉及8个方法(含筛选法)的10个检测方法标准。我国目前共颁布了6个标准(包括国标、行业标准)。表1-4列出了欧盟、CAC及我国的方法标准。

表1-4 欧盟、CAC及中国的辐照食品检测标准对比

国家或组织	标准	
欧盟	EN 1784—2003	碳氢化合物的气相分析法检测含脂辐照食品
	EN 1785—2003	2-烷基环丁酮的气质分析法检测含脂辐照食品
	EN 1786—1997	ESR法检测含骨辐照食品
	EN 1787—2000	ESR法检测含纤维素辐照食品
	EN 1788—2001	热释光法检测可分离出硅酸盐的辐照食品
	EN 13708—2001	ESR法检测经辐照的含晶体糖的食品
	EN 13751—2002	光刺激发光法检测辐照食品
	EN 13783—2002	直接落射荧光滤膜法/需氧菌平板计数法检测辐照食品
	EN 13784—2002	DNA彗星分析法检测辐照食品
	EN 14569—2004	内毒素革兰氏阴性细菌筛选法检测辐照食品
CAC	CODEX STAN 231—2001(等同欧盟标准)	
中国	NY/T 1207—2006	辐照香辛料及脱水蔬菜热释光鉴定方法
	NY/T 1390—2007	辐照新鲜水果、蔬菜热释光鉴定方法
	NY/T 1573—2007	辐照含骨类动物源性食品的鉴定——ESR法
	GB/T 21926—2008	辐照含脂食品中2-十二烷基环丁酮测定 气相色谱/质谱法
	GB/T 23748—2009	辐照食品的鉴定 DNA彗星试验法 筛选法
	SN/T 2522.1—2010	进出口辐照食品检测方法 微生物学筛选法

辐照食品鉴别方法的基本模式是基于辐照在食品中产生的物理、化学、生物学等效应,从辐照后的产物和食品出现的一些微小变化为依据进行检测。当然,不是所有变化的结果都能用来指示食品是否已被辐照,只有其中的一些辐照专一性辐解产物,一些在食品辐照前后含量有明显变化的产物,以及辐照在食品组成上诱导的某些化学特性,才能用以进行辐照食品的鉴别。根据鉴别目标物的特异性程度,检测方法可分为初筛和确证两种类型。

初筛方法的依据是辐照会引起生物体内的DNA损伤、酶活性钝化等生物效应。所以该类方法主要利用辐照前后食品表面的微生物异常状态以及食品分子中DNA性状的变化来实现检测。其特点是操作简单,快速,高通量。但由于其他消毒、灭菌的处理方法(如熏蒸、加热、冻存)也会造成食品中微生物或DNA的异常,所以初筛方法只能从间接的角度表明被检食品可能经过辐照,具体的鉴定需要通过确证方法。

确证方法的依据是辐照会造成食品中出现含量有明显变化的产物以及某些特殊的物化特性。此类方法主要借助辐照专一性辐解产物(环丁酮类、碳氢化合物)和存储的能量(动量)等实现检测。其特点是判据明确,适于仲裁。目前国际上认可的法定确证方法很多,主要有气相色谱、气质联用、热释光、光致发光及电子自旋共振等方法。

除了上述主要的鉴别方法之外,国内外的学者们也报道了一些针对特定类别食品的鉴别方法,如针对淀粉类食品的黏度法,针对蛋白质含量丰富的食品的邻酪氨酸法,针对马铃薯的电阻抗法和发芽率测定法,针对酒类的过氧化氢法和丁二醇法等。

目前,现有的各种方法基本已构成了一个较为完整的辐照食品鉴别体系,能够实现大部分辐照食品的鉴别检测,但是由于适用范围有限,尚不能完全覆盖ICGFI推荐的所有食品类别,尤其是迄今为止,还没有一种较为完善的方法可以反映出辐照食品实际使用的辐照剂量及其导致的微化学变化,所以辐照食品的鉴别方法还有待于进一步的创新和发展。依据IAEA的标准,理想的检测方法应该满足以下要求:①不受食品的其他加工方法及贮藏的影响;②具有良好的重现性;③能估计并甄别用于食品辐照的可能最小剂量;④有较好的应用范围;⑤快速易操作。综观现有的方法,要想完全符合这5点要求,还有较大的差距。但是随着实验仪器的突破发展,如LC-MS及GC-MS联用检测技术、高效液相色谱(HPLC)、核磁共振(NMR)等技术的投入应用,以及多学科结合概念的延伸,不少学者已提出了一些新的构思,如依据辐照前后DNA等生物大分子的分子质量变化,可以采用分子排阻色谱、RAPD和DNA凝胶电泳色谱进行检测;利用超临界流体实现环丁酮类化合物的萃取等,相信不久的未来辐照食品鉴别技术必将获得进一步的飞跃,最终完善辐照食品国际化标准检测技术体系,实现IAEA提出的理想方法的目标。

参考文献

[1] 吴永宁.现代食品安全科学[M].北京:化学工业出版社,2003.

[2] 陈其勋.中国食品辐照进展[M].北京:原子能出版社,1998.

[3] 黄庆林.动植物检疫处理原理与应用技术[M].天津：天津科学技术出版社,2007.

[4] 哈益明.辐照食品及其安全性[M].北京：化学工业出版社,2006.

[5] 徐宏青.食品辐照的现状与展望[J].农技服务,2007,24(6):113-114.

[6] 汪海燕,徐晓洁,叶庆富.辐照食品检测技术的研究进展[J].核农学报,2004,18(2):137-141.

[7] 高美须,哈益明,周洪杰.国内外食品辐照标准现状及发展建议[J].农业质量标准,2004(1):26-38.

[8] 段振华.现代高新灭菌技术及其在食品工业中的应用研究[J].中国食物与营养,2006(9):28-30.

[9] 张奇志,王文亮,孙宏春.我国辐照食品的研究现状及发展前景[J].中国食品与营养,2007(2):29-31.

[10] 林海霞,张桂.辐照技术在食品工业中的应用及其发展[J].食品工程,2006,3:15-17.

[11] International Consultative Group on Food Irradiation (ICGFI). Facts about food irradiation[M]. Vienna: Joint FAO/IAEA Division, 1999.

[12] Crawford, Lester Muff Eric H. A review of the safety of cold pasteurization through irradiation[J]. Food Control. ,1996,7(2):87-97.

[13] Stachowicz W. Accredited laboratory for detection of irradiated foods in Poland[J]. Radio P hys Chem,2002,63:427-429.

第二章　直接落射荧光滤膜技术/需氧菌平板计数法

一、概述

1.原理

目前国际标准中公布的方法有欧洲标准 EN 13783—2001《食品——应用直接落射荧光滤膜法/需氧菌平板计数法(DEFT/APC)检测辐照食品——筛分法》(Foodstuffs—Detection of Irradiated Food Using Direct Epifluorescent Filter Technique/Aerobic Plate Count [DEFT/APC]—Screening Method)。本章中主要针对上述欧洲方法进行介绍。

本方法是将由 DEFT 得到的数据与 APC 方法进行对比。APC 方法得出可能辐照过的样品中活细胞数,DEFT 值体现的是样品中包括死去细胞的微生物总数。以 5～10 kGy 剂量处理过的调味品中 DEFT 值与 APF 值之间的差异通常为 3～4 个 lg 单位。其他可使微生物死亡的食品加工处理方式,例如,加热处理也会导致相似的 DEFT 值与 APF 值之差,因此,应对阳性结果进行确证。

将已知体积的样液通过滤膜减压过滤以在滤膜上收集微生物。以吖啶橙荧光染色微生物,可使其在 450～490 nm 蓝光下产生橙色至橙黄色荧光。这些微生物可通过荧光落射显微镜计数得到 DEFT 值。然而,在辐照前即死亡的微生物呈现绿色荧光且不应计数。另取一部分同一测试样品做平行实验,测定 APC 值。

2.国内外应用现状

国内外许多学者及研究机构对本方法的应用进行了研究。Gun Wirtanen 等人通过 8 家实验室协同试验,对多香果、黑胡椒粒、黑胡椒粉、白胡椒、辣椒粉、罗勒、墨角兰、小豆蔻进行检测,用 0 kGy、5 kGy、10 kGy 辐照样品后,5 kGy 和 10 kGy 辐照样品测得的 DEFT 与 APC 平均差值分别为 5.1 和 6.1,最低值为 3.5,而 0 kGy 基本无明显差异。Marle-Plerre Copin 等人研究了冷冻西芹、冷冻禽肉及冷冻蛋白液在不同辐照剂量下的 DN 值(DN＝lgDEFT－lgAPC),并考察了样品在－20℃下分别储藏 0 个月、4 个月和 12 个月的 DN 值变化情况。冷冻西芹 5.4 kGy 与 10.4 kGy 辐照后 DN 值大于 3,－20℃下储藏 4 个月和 12 个月后 DN

值略微增加。冷冻蛋白液于 1.9 kGy 和 5.9 kGy 辐照后 DN 值大于 5，−20℃下储藏 4 个月和 12 个月后 DN 值大于 6。冷冻去骨禽肉于 2.9 kGy、7.2 kGy 和 13 kGy 辐照后 DN 值分别为 2.5、4.5 和 5.5，−20℃下储藏 4 个月和 12 个月后 DN 值略微增加。王洪亮等人研究了八角、白胡椒粒、枯茗子、花椒、肉桂、白胡椒粉、黑胡椒粉、姜、辣椒粉、白芷、甘草、豆蔻、决明子、百合、麦冬、山甘草根等调味料及中草药在0 kGy、1 kGy、2 kGy、5 kGy 和 10 kGy 辐照剂量下 DEFT 值及 APC 的差值(Dc)，5 kGy 样品 Dc 值为 3.2～4.8，10 kGy 样品 Dc 值为 5.3～7.7。赵永富等人研究了 4 种香辛料 0 kGy、1.5 kGy、3 kGy、5 kGy、7 kGy、10 kGy 及 2 种干制海鱼 0 kGy、1.5 kGy、3 kGy、7 kGy、10 kGy 辐照剂量下 DEFT/APC 值，结果表明如果结果为 lg(DEFT/APC)＞4，表明食品已经过至少 1.0 kGy 剂量的辐照处理。

3. 样品适用范围

欧洲标准 EN 13783—2001 适用于调味料等草本科的辐照初筛鉴定，除可应用于调味料、中草药、肉制品、乳制品等产品外，根据本方法的原理，因为微生物在自然环境中的广泛存在，因此本方法的应用范围很广泛，但由于微生物同时又具有多样性、复杂性，每种微生物的 D_{10} 值又各不相同，品种丰富多样的食品及农产品的产地、加工工艺、存储条件、物流运输、分销消费等环节也存在着复杂性，因此对于所有产品不可能有统一的评判标准，应针对不同产品、不同类型、不同状态等分类进行研究，并区别对待，才能使本方法发挥其特有的作用。

4. 方法的优点及不足

在目前国际上广泛参照使用的 8 个欧洲标准中，没有哪一种标准是广泛适用的，现在通用的做法是采用两种以上的方法进行检测和确证，以得出科学可靠的结论，研究机构的学者及专家正在努力朝着更科学、更便捷、更可靠的方向进行各项研究。如前所述，本方法针对样品中微生物群落变化进行检测，这对于辐照灭菌处理可作为一种有效的监测手段，对辐照前及辐照后微生物群落状态进行验证。因此本方法可同时起到两种作用，既可作为辐照处理工艺监测和验证措施，又可对辐照处理状态进行掌握。

二、方法

1. 试剂

蛋白胨盐水稀释液、缓冲溶液(pH 3.0)、吖啶橙溶液、2-丙醇、Triton ®X-100(1%清洗液)、胰蛋白胨酵母浸膏葡萄糖琼脂(平板计数琼脂)，试剂的配制详见附录1。

2.仪器设备及要求

(1)过滤样品混悬液用薄膜过滤设备

应使用不锈钢或玻璃过滤装置。过滤器的底部应由烧结玻璃或不锈钢制成，用于直径为 25 mm 的滤膜。过滤塔容积应至少为 10 mL。过滤装置应垂直放置于一个吸滤瓶上或者是装在一个连接有带压力调节器的水泵或真空泵的多头支管上。过滤时的真空度一般应为 70 kPa 左右。如果水泵的水压不能调节则不太适宜采用。

(2)过滤漏斗

同时应配置适宜的玻璃吸滤瓶，用于无菌过滤试剂和稀释液。

(3)滤膜

①纤维素酯或类似物，孔径大小 0.2 μm。例如，用于无菌过滤试剂的滤膜，直径为 30 mm 和/或 47 mm。

②聚丙烯，直径 25 mm，孔径大小 10 μm，预过滤样品。

③白色聚碳酸酯，直径 25 mm，孔径大小 0.6 μm，用于样液的薄膜过滤。

(4)无菌快速滤纸

用于过滤调味料样品。

(5)落射荧光显微镜

具有适宜的光源和滤镜组(450～490 nm)。

(6)镜片

100×浸入式物镜，10×目镜(标注放大率为 1.25，则总的放大率为 1 250)。

(7)显微镜载玻片

例如，76 mm×26 mm。

(8)盖玻片

例如，25 mm×50 mm，厚度与物镜匹配。

(9)浸镜油

无荧光，折射指数 1.515～1.518。

(10)镜台测微计

刻度 0.01 mm，用于测量显微镜视野内的直径。

(11)高压灭菌器

用于灭菌试剂和培养基。

(12)烤箱

用于干热灭菌玻璃制品。

(13)匀浆机

用于混合样品混悬液和稀释液。

(14)水浴

用于保持培养基在一个合适的温度。

(15)培养箱

温度为(30±1)℃。

(16)玻璃瓶

具旋盖,用于储存试剂(DEFT)。

(17)试管

用于梯度稀释样液(APC)。

(18)移液器

1 mL,2 mL,5 mL 和 20 mL。

(19)陪替氏培养皿

ϕ90 mm(APC)。

(20)菌落计数器(APC)

(21)镊子

(22)半自动或全自动 DEFT 计数仪

包括图像分析仪,显微镜视频成像仪,显示器,键盘和打印机,显微镜(自动)对焦仪,显微镜(自动)步进镜台。

3.检验步骤

(1)前处理

取 5 g 试样,将其悬浮于装有 45 mL 蛋白胨盐水稀释液的锥形瓶中,剧烈摇动锥形瓶约 30 s。将样品悬浮液用无菌快速滤纸过滤。

所得滤液即为需进一步检测的样液(滤液是大约 10^{-1} 的稀释液)。

过滤后,进行 DEFT 和 APC 计数。根据估计调味品中微生物数量用盐水管稀释样液至 10^{-1} 和/或 10^{-2} 制备 DEFT 片。用盐水管稀释过滤后的样液制成一系列样液稀释液进行 APC 计数。

(2)DEFT 片中滤膜的制备

在使用薄膜过滤仪前,用 80℃过滤除菌的 1% Triton X-100 过滤清洗薄膜过滤仪 3 次,并且在放入聚碳酸酯膜前应用沸水过滤清洗过滤塔 3 次。将 0.6 μm 聚碳酸酯膜光面朝上放置在薄膜过滤仪中,然后在其上方放置 10 μm 孔径的预滤膜。

将 2 mL 样液通过滤塔中滤膜过滤。在真空泵运行状态下将放置在白色聚碳酸酯膜上的 10 μm 孔径的预滤膜移开并弃去。在上述过滤过程中先加入液体再开始抽真空。

在另一滤塔中加入 2 mL 盐水作为对照。

过滤不同样品前都应按照上述过程用沸水过滤清洗滤筒 3 次。

(3)染色和漂洗 DEFT 滤膜

在滤塔内加入 2.5 mL 吖啶橙溶液并使之在滤膜上发生反应。2 min 后再次连接真空泵吸走染色剂。保持连接真空泵并迅速用 2.5 mL pH 3.0 的缓冲液清洗滤膜。最后用 2.5 mL 2-丙醇快速过滤清洗滤膜。

注:应尽可能快地用 2-丙醇清洗,以避免微生物细胞过度脱色。

(4)DEFT 片的制备

断开真空泵,用镊子小心地将聚碳酸酯膜夹起在空气中晾干。在载玻片的中心滴一滴浸镜油,然后将滤膜光面朝上放置在油滴的中心。在滤膜的中心再滴一小滴浸镜油。将盖玻片放置在膜的上方,轻轻地向下挤压盖玻片来减少油层的厚度(图 2-1)。

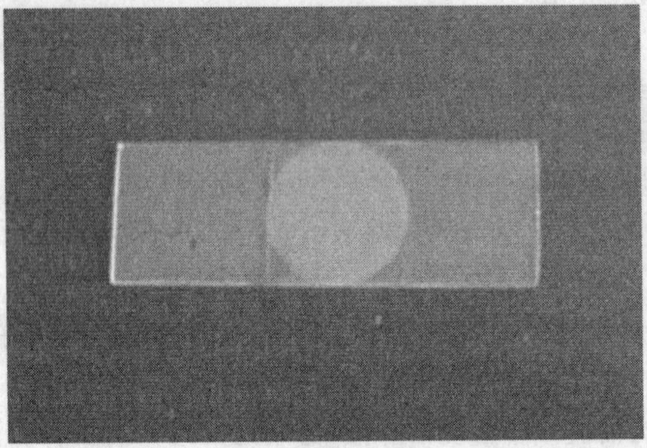

图 2-1 DEFT 染色片

制成的 DEFT 片就可以在荧光显微镜下进行观察了。

注:制片于 5℃避光保存不超过 2 个月。

(5)倾注平皿技术检测存活需氧微生物(APC)

过滤和稀释样品后 15 min 内按照 ISO4833 中的倾注平皿技术进行 APC 检测。在空的培养皿中加入 1 mL 适当稀释度的样液,然后加入大约 15 mL 平板计数琼脂[预先冷却至(47±2)℃]混匀。待琼脂凝固后将其倒置于(30±1)℃的培养箱内培养 72 h。

(6)计算

将 DEFT 片放入落射荧光显微镜下观察,对可见的 DEFT 单位进行计数,如果可能采用半自动或全自动的图像分析仪进行分析。

如果使用全自动计数,须将其程序设定为对橙色和橙黄色荧光的细胞和细菌凝块进行计数。结果通过公式(2-1)和公式(2-2)换算成每克调味品中的细菌数。

在盖玻片上滴上一滴油,将 DEFT 片放于荧光显微镜下,用 100×油镜检测,在随机选择的显微视野(表 2-1)下,数出发黄色和橙黄色荧光的微生物 DEFT 单位。实际检测中 DEFT 片上染色后的微生物状态见图 2-2。

表 2-1　DEFT 显微视野计数规则

每个视野下的 DEFT 单位数	视野数 n
<1～20	20
21～100	10
>100	稀释样液并重新置备 DEFT 片

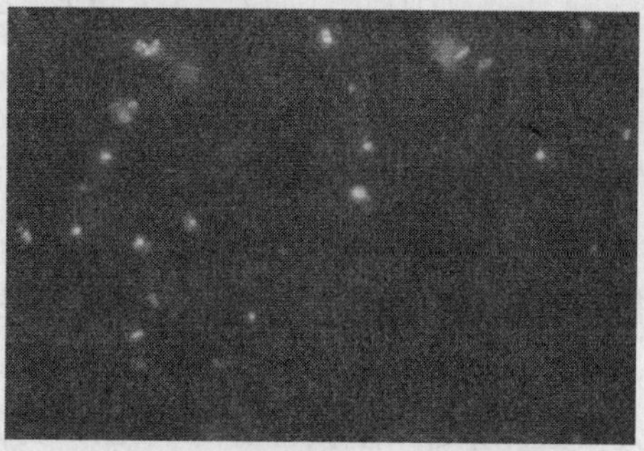

图 2-2　DEFT 荧光染色片微生物状态

单个微生物可视为一个 DEFT 单位,一组微生物(丛生或链生)也可视为一个 DEFT 单位,表现为微生物间隔小于或等于两倍微生物最小直径;当丛生、链生和单个微生物呈现偏离形态学,间隔小于两倍直径时算作两个 DEFT 单位。

计数标准如下:

—在目视计数情况下,使用十字格目镜或将目镜分割成小方格将有利于计数。

—在 DEFT 单位中的黄色和橙黄色荧光颗粒,如不具微生物形态,此 DEFT 单位不应算入。

—在视野中的 DEFT 单位如出现绿色荧光,而不是黄色和橙黄色荧光时,此绿色荧光 DEFT 单位不应算入(但可计为照射前已灭活的微生物)。

—由于只计数薄膜过滤的区域,因此显微镜的物镜不应与制片外缘过近。

—随机选择显微视野,视野应分布在整个过滤器范围内。

—在视野边缘的 DEFT 单位(微生物)中有单个微生物或是丛生或链生单位的一部分可见时,此单元应被计入。

—为防止制片褪色,它只能在计数时被照射。

注意:在摄像机、电视监视仪和图像分析仪的帮助下,计数可实现半自动化,或是使用具步进云台的自动对焦的自动显微镜系统可使计数全自动化。

DEFT 制备应避免严重干扰(例如样品微粒组成的假阳性单位)。

4.结果计算与评价

(1)DEFT 的计算

计算每克香料中 DEFT 数 x,见公式(2-1)和公式(2-2)。

$$x=\frac{N}{n}\cdot M\cdot D \tag{2-1}$$

$$M=\frac{F}{A\cdot V} \tag{2-2}$$

式中:N 为在显微视野中 DEFT 单位的总和;n 为计数的显微视野数;M 为计算得出的显微镜系数;D 为样品稀释系数,例如 5 g 样品+45 mL 蛋白胨盐水稀释液=10 mL/g;F 为用 mm^2(πr_1^2)计量膜过滤器的面积,可测量过滤塔底部的直径(r_1 为半径)计算得出;A 为用 mm^2(πr_2^2)计量的显微视野面积,可使用显微等级的千分尺,0.01 mm 测量显微视野的直径(r_2 为半径)计算得出,或可依据目镜和物镜的放大倍数计算得出显微视野的直径;V 为以毫升计的样品体积。

每克香料中的 DEFT 数保留两位有效数字,DEFT 数的对数形式也保留两位有效数字。

(2)APC 的计算

依据 ISO 4833 的计算方法,在保温培养后期的陪替氏培养皿中可对存活的需氧微生物计数(APC 计数)。依据样品体积和稀释因数对每克香料的微生物计数,数值可用群体构成单位(cfu)来表述。APC 数保留两位有效数字,转成对数后也保留两位有效数字。

(3)DEFT/APC 计算

DEFT 数和 APC 数分别取对数,求得差值(Dc),如公式(2-3)所示:

$$Dc=A-B \tag{2-3}$$

式中:A 为 DEFT 的对数值;B 为 APC 的对数值。

当差值≥4.0 时,表示样品被放射处理过。

5.注意事项

当样品中的微生物含量很少时($APC<10^3$ cfu/g),这种方法会受到限制。如果使用熏蒸或热处理方式消毒,它的 DEFT 值和 APC 值的差值与辐照处理得到

的相应值会比较接近，然而熏蒸的处理方式能被检测到。

有些香料，比如丁香、肉桂、大蒜和芥末，它们含有抑菌成分，能导致 APC 值的减少（假阳性结果）。

6. 确证实验

DEFT/APC 检测法已被应用到药草和香料的检测中。当用至少 10 倍 kGy 当量照射多香果、胡椒粉和小豆蔻，被照射的多香果和白胡椒粉的 DEFT 和 APC 相差至少 6 个对数单位，黑胡椒相差至少 4.5 个对数单位，小豆蔻相差至少 7 个对数单位。当用 5 倍 kGy 和 10 倍 kGy 当量分别照射香料（例如胡椒粉、辣椒粉、小豆蔻、肉桂、姜）和药草（例如百里香、墨角兰、罗勒、牛至），DEFT 和 APC 的差值分别在 3.9～6.8 和 5.7～7.5 个对数单位间变化。

一份 BCR 协作研究表明，由整颗多香果，整颗和磨成粉的黑胡椒，整颗白胡椒，辣椒粉，切开的罗勒，切开的牛至，碾碎的小豆蔻组成的 192 份样品，分别进行 5 kGy、10 kGy 剂量照射并以非放射处理样品作为对照，交给 8 个实验室分析。5 kGy 剂量照射后的样品 DEFT 和 APC 的差值平均为 5.1 个对数单位，10 kGy 剂量照射后的样品 DEFT 和 APC 的差值平均为 6.1 个对数单位。对所有被放射处理的样品分析，其 DEFT 和 APC 的差值通常达到了至少 3.5 个对数单位，然而非放射处理的样品的差值却可忽略。10 kGy 剂量、5 kGy 剂量照射和非放射 3 种方式处理的样品的 DEFT 和 APC 的差值的重复相关标准偏差分别为 12.3%、19.9% 和 20.7%，数值表明这些实验室的结果都可接受。

以 4.0 个对数单位为界限，把非放射样品当作放射样品（假阳性结果）判定的可能性很低。另一方面，以 4.0 个对数单位为界限，有时会出现假阴性结果。

7. 检验报告

实验报告至少包括以下内容：

a）识别样品的必要信息；

b）关于这个欧洲标准的引用文献；

c）取样日期和取样步骤（可知情况下提供）；

d）收到日期；

e）检验日期；

f）实验结果；

g）实验过程中观察到的任何特殊情况；

h）方法中未描述的操作，或可能影响实验结果的选择性实验操作；

i)对样品进一步检测的建议,即在 DEFT/APC 初筛阳性时,使用专用方法进行确认。

三、方法应用

(一)辐照调味料检测

本方法在辐照调味料检测中应用最为广泛,由于调味料具有独特的加工特性和消费要求,辐照处理主要是辐照灭菌,同时国内外研究内容涵盖了所采用剂量应不影响色素、挥发油和维生素的变化。为了保证食品的卫生安全,食品加工部门要求香辛料和脱水蔬菜在加入食品之前必须满足食品卫生的要求。利用辐照进行调味料的灭菌处理具有独特的优势,目前已成为食品辐照的重要领域之一,并成为替代环氧乙烷等熏蒸处理的有效方法。大量研究表明,在辐照工艺规范(GIP)推荐使用的辐照剂量的条件下,辐照在总体上对香辛料品质的影响不会成为营养学或卫生学上的问题。2003 年 7 月,国际食品法典委员会(CAC)在意大利罗马召开了第 26 届大会,会议修订并公布了《辐照食品国际通用标准》和《食品辐照加工工艺国际推荐准则》,从而从标准规范上打破了食品辐照加工中 10 kGy 上限的限制,允许在不影响食品的完整性、功能、感官品质以及消费者健康的前提下,最大剂量可高于 10 kGy。各国公布的调味料最大辐照剂量见表 2-2。

表 2-2 部分国家批准的调味料最大辐照剂量

国　家	辐照目的	批准方式	最大剂量/kGy
孟加拉	杀菌	无条件	10.00
巴西	杀虫、杀菌	无条件	由 GIP 决定
智利	杀菌	无条件	10.00
哥斯达黎加	杀菌	无条件	10.00
巴基斯坦	杀菌	无条件	10.00
叙利亚	杀菌	无条件	10.00
英国	杀菌	无条件	10.00

Gun Wirtanen 等人通过 8 家实验室协同试验,对多香果、黑胡椒粒、黑胡椒粉、白胡椒、辣椒粉、罗勒、墨角兰、小豆蔻进行检测,用 0 kGy、5 kGy、10 kGy 辐照样品后,5 kGy 和 10 kGy 辐照样品测得的 DEFT 与 APC 平均差值分别为 5.1 和 6.1,最低值为3.5,而0kGy基本无明显差异,详见图2-3。该研究得出调味料辐

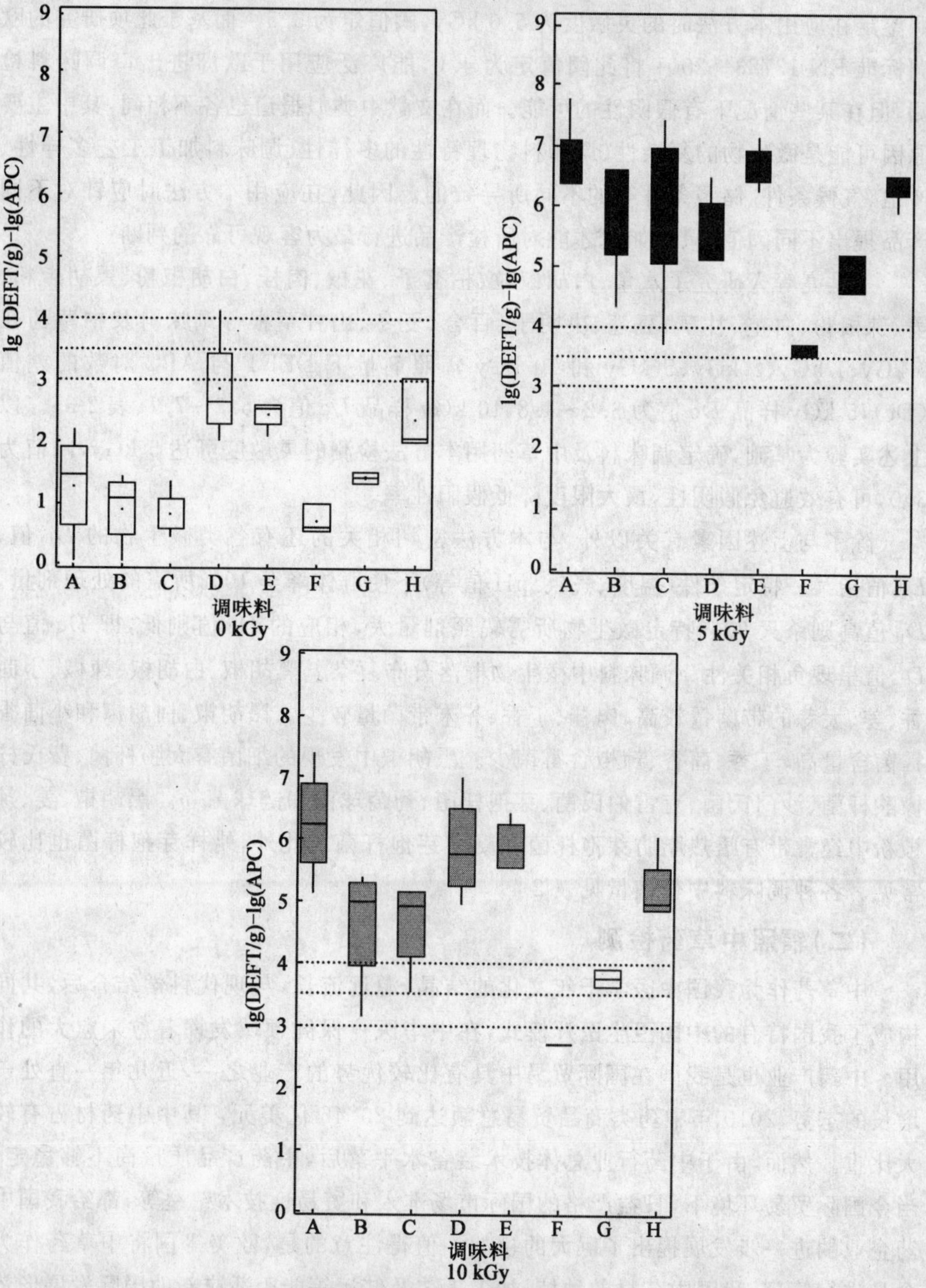

图 2-3　调味料等协同实验结果
(Gun Wirtanen et al，1993)

照鉴定在应用本方法时的灵敏度为 5.0 kGy，阈值定为 3.5。而基于此项研究的欧洲标准 EN 13783—2001 将此阈值定为 4.0，能广泛应用于欧洲进出口调味料检测，但在某些情况下有假阴性的可能。而在文献中类似报道也各不相同，其中主要原因可能是微生物的复杂性、调味料物理特性的多样性、调味料加工工艺多样性、产地、气候条件、储藏条件等的不同所导致的。因此，在应用本方法时应针对不同产品提出不同阈值，只有如此才能对所检产品进行最为客观可靠的判断。

王洪亮等人研究了八角、白胡椒粒、枯茗子、花椒、肉桂、白胡椒粉、黑胡椒粉、姜、辣椒粉、白芷、甘草、豆蔻、决明子、百合、麦冬、山甘草根等调味料及中草药在 0 kGy、1 kGy、2 kGy、5 kGy 和 10 kGy 辐照剂量下 DEFT 与 APC 对数的差值（*Dc*），5 kGy 样品 *Dc* 值为 3.2～4.8，10 kGy 样品 *Dc* 值为 5.3～7.7（表 2-3）。以上述实验为基础，确定调味料及中草药用本方法检测的灵敏度可达 5 kGy，阈值为 3.0，可有效避免假阴性，最大限度降低假阳性率。

除了与上述因素有关以外，与本方法密切相关的还有各类微生物的 D_{10} 值，D_{10} 值指某一特定条件（温度、气氛、pH 值等）下使群体降至 10%所需的处理剂量。D_{10} 值高则杀灭 90%特定微生物所需辐照剂量大，相应的 *Dc* 值则低，即 *Dc* 值与 D_{10} 值呈现负相关性。调味料中微生物群落分布复杂。黑胡椒、白胡椒、辣椒、小茴香、姜、大蒜的带菌量较高，肉桂、丁香、芥末带菌量较少。黑胡椒、白胡椒和小茴香霉菌含量高，丁香、茴香、辣椒含霉菌少。黑胡椒中发现的细菌有大肠杆菌、费氏柠檬酸杆菌、沙门氏菌、克雷伯氏菌、芽孢杆菌、葡萄球菌和链球菌等。黑胡椒、姜、辣椒粉中经常带有嗜热脂肪芽孢杆菌和凝结芽孢杆菌。此外，蜡样芽孢杆菌也比较常见。各种调味料中带菌量见表 2-4。

（二）辐照中草药检测

中草药作为我国中医学千年文化的结晶，源远流长，与现代科学结合后，共同构成了我国特有的中国卫生医疗模式，在中华医疗保健领域发挥着愈来愈大的作用。中药产业也是我国在国际贸易中具有比较优势的产业之一，近几年一直处于增长的态势，2010 年中药类商品贸易总额达到 20.46 亿美元，其中中药材占有较大比重。然而，由于中药行业总体技术装备水平落后，中药产品质量尚不够稳定，当今国际贸易环境下，日益严格的国际市场准入和贸易性技术壁垒等，都给我国中药企业的进一步发展提出了巨大的挑战。值得注意的是，欧美等国将中草药作为食品进行管理，我国中药材的种植、加工工艺及储运等能否适应新的国际发展形势左右着整个产业的发展。

表 2-3　调味料 DEFT 及 APC 差值(*D*c)(王洪亮等,2009)

调味料	辐照剂量/kGy	lg(DEFT/g)	lg(APC cfu/g)	*D*c	调味料	辐照剂量/kGy	lg(DEFT/g)	lg(APC cfu/g)	*D*c
八角	0	7.3	6.2	1.1	花椒	0	8.0	6.7	1.3
	1	7.2	5.0	2.2		1	8.1	6.2	1.9
	2	7.4	4.8	2.6		2	7.9	5.6	2.3
	5	7.1	3.9	3.2		5	8.0	3.9	4.1
	10	7.3	1.5	5.8		10	7.8	0.7	7.1
白胡椒粒	0	6.1	5.4	0.7	肉桂	0	8.0	6.5	1.5
	1	6.0	3.6	2.4		1	7.9	6.0	1.9
	2	6.1	3.3	2.8		2	7.8	5.5	2.3
	5	6.2	2.5	3.7		5	8.0	3.7	4.3
	10	6.1	0	6.1		10	7.7	0	7.7
枯茗子	0	7.1	5.4	1.7	白胡椒粉	0	7.0	6.6	0.4
	1	7.2	5.0	2.2		1	6.9	5.6	1.3
	2	7.1	4.7	2.4		2	7.0	4.7	2.3
	5	7.0	3.3	3.7		5	6.8	3.5	3.3
	10	7.4	0	7.4		10	7.0	0	7.0
黑胡椒粉	0	7.2	6.4	0.8	姜	0	6.0	4.9	1.1
	1	7.1	5.6	1.5		1	5.9	3.8	2.1
	2	7.2	5.4	1.8		2	6.1	3.6	2.5
	5	7.3	3.9	3.4		5	6.0	2.5	3.5
	10	7.2	1.9	5.3		10	5.7	0	5.7
辣椒粉	0	8.4	6.8	1.6					
	1	8.1	5.7	2.4					
	2	8.0	5.2	2.8					
	5	8.2	3.4	4.8					
	10	8.3	1.2	7.1					

表 2-4　某些调味料的细菌数和霉菌数(Siliker et al,1980)　%

调味料	样品数	细菌的分布					
		$<10^3$	$10^3\sim10^4$	$10^4\sim10^5$	$10^5\sim10^6$	$10^6\sim10^7$	$>10^7$
月桂	41	10	46	34	7	3	
香菜	17	12	35	29	18	6	
肉桂	36	72	11	14	3		
丁香	28	53	25	18	4		
小茴香	12			33	42	25	
茴香	16	19	13	43	13	13	
大蒜	32		16	47	28	9	
姜	33	12	21	15	45	7	
芥末	67	39	33	18	9	1	
豆蔻	45	31	45	16	4	4	
辣椒	80			11	9	62	18
黑胡椒	108		1	3	5	49	42
白胡椒	42		12	26	57	5	
调味料	样品数	霉菌的分布					
		$<10^2$	$10^2\sim10^3$	$10^3\sim10^4$	$10^4\sim10^5$	$10^5\sim10^6$	$10^6\sim10^7$
月桂	35	34	29	26	11		
香菜	14	57	7	29	7		
肉桂	20	55	5	25	5	10	
丁香	26	88		8	4		
小茴香	8	25		62		13	
茴香	11	73	27				
大蒜	15	60	40				
姜	28	57	14	18	11		
芥末	63	68	6	6	2		
豆蔻	33	52	27	12	9		
辣椒	61	44	44	7	5		
黑胡椒	82	32	10	28	5	2	23
白胡椒	44	2	2	34	36	23	2

中草药品种众多，加工工艺多种多样，呈现特有的复杂性。然而，在新的国际贸易形势下，以及中草药功能性需求的拓展使得中草药的卫生质量越发显得重要。目前国内采用的杀菌工艺一般为热加工、晾晒、熏蒸等，尽管能够满足品质要求，但在控制微生物污染方面仍不尽如人意，尤其是在后续环节尚存在交叉污染以及再次污染的风险。自 20 世纪 70 年代，我国即开始了辐照处理中草药科学项目的研究，卫生部于 1997 年发布了国内流通中草药的辐照标准。辐照处理领域除了需要制定工艺规范和监管条例之外，还需要制定有效的辐照产品鉴定方法。

根据魏根全等人的研究结果，大多数中草药及中成药经 10 kGy 剂量辐照均能达到国家卫生标准要求，有效成分未发生明显破坏，但同时由于中草药种类繁多，剂型多变，成分复杂，中草药辐照灭菌研究还应结合不同类型中草药和不同类型有效成分的辐解规律、药理和毒理实验的研究，而后再推广至辐照灭菌领域。王洪亮等人研究了 DEFT/APC 方法检测多种辐照中草药，在 1～10 kGy 辐照剂量下，均可导致 APC 明显降低，且阈值采用 3.0 可以检出 5 kGy 辐照样品。Dyeung Nam Oh 等人研究了紫云英、甘草、肉桂在 1～10 kGy 辐照剂量下的 lg(DEFT/APC)值的情况，得出阈值为 2.5 以上，可检出 5 kGy 以上辐照中草药。实验室研究了大力子、白叩、艾叶、葶苈子、紫苏子、忍冬藤、荷叶、五加皮等中草药不同剂量辐照后，应用 DEFT/APC 方法进行检测的 *Dc* 值分布情况(表 2-5)，0 kGy 下 *Dc* 值为 0.7～2.9，5 kGy 下为 3.0～5.7，10 kGy 下为 5.3～7.3(图 2-4)。实验结果表明该方法适用于部分中草药的辐照鉴别，灵敏度为 5 kGy，判断阈值为 $Dc \geqslant 3.0$。0 kGy 下 *Dc* 值最大值为 2.9，比较接近阈值，其原因可能是样品经过在本研究前已经过辐照或热加工、熏蒸等处理。上述结果进一步证明了该方法对不同类别样品阈值的变化的复杂性，需要在统计学研究基础上对各类样品基质进行分析后得出。此外，有些样品，例如白鲜皮、白芷、葛根、北五味、茯苓等中草药应用 DEFT/APC 检测后发现 *Dc* 值为 4.0～6.8，而采用 TL 检测均未经辐照，对样品来源进行分析后原因可能为熏蒸处理导致。

(三)其他应用

DEFT/APC 方法除了可应用于调味料和中草药以外，很多研究机构和学者进行了其他很多应用领域的研究，包括冷冻肉制品、冷冻蛋白液、冷冻蔬菜、乳制品、水产品等。Marie-Pierre 等人研究了冷冻西芹、冷冻去骨禽肉、冷冻蛋白液在不同辐照剂量下经过 0 个月、4 个月和 12 个月后 DEFT、APC 及 DN 值(即 *Dc*)的变化情况。研究表明，经过 0～12 个月后，所有辐照剂量样品 DEFT 值为约 6.0，且变化不大，0 kGy DN 值则始终<1.0，辐照西芹 DN 值 5.4 kGy 下大于

3.0;冷冻蛋白液在0个月时DN大于5.0,在6～12个月后DN值大于6.0;冷冻去骨禽肉在7.2 kGy下DN值为4.5,13 kGy下DN值为5.5。这些领域的应用的探索均为本方法的实际应用奠定了良好的基础。尽管仍处在探索阶段,但应用前景广阔。

表2-5　不同辐照剂量处理中草药*Dc*值分布

样品名称	辐照剂量/kGy	lg DEFT	lg APC	*Dc*
大力子(A)	0	7.2	6.4	0.8
	5	6.8	3.0	3.8
	10	6.9	1.2	5.7
白叩(B)	0	8.0	6.0	2.0
	5	8.9	3.6	5.3
	10	8.5	1.2	7.3
艾叶(C)	0	7.0	4.7	2.3
	5	7.1	1.8	5.3
	10	7.4	0.7	6.7
葶苈子(D)	0	7.3	4.5	2.8
	5	6.9	1.8	5.1
	10	6.8	0.7	6.1
紫苏子(E)	0	9.0	7.8	1.2
	5	8.8	5.5	3.3
	10	9.0	3.7	5.3
忍冬藤(F)	0	6.9	6.2	0.7
	5	6.7	3.7	3.0
	10	7.3	1.5	5.8
荷叶(G)	0	7.9	5.0	2.9
	5	7.7	2.4	5.3
	10	7.8	0.7	7.1
五加皮(H)	0	6.9	4.0	2.9
	5	7.0	1.3	5.7
	10	7.1	0.0	7.1

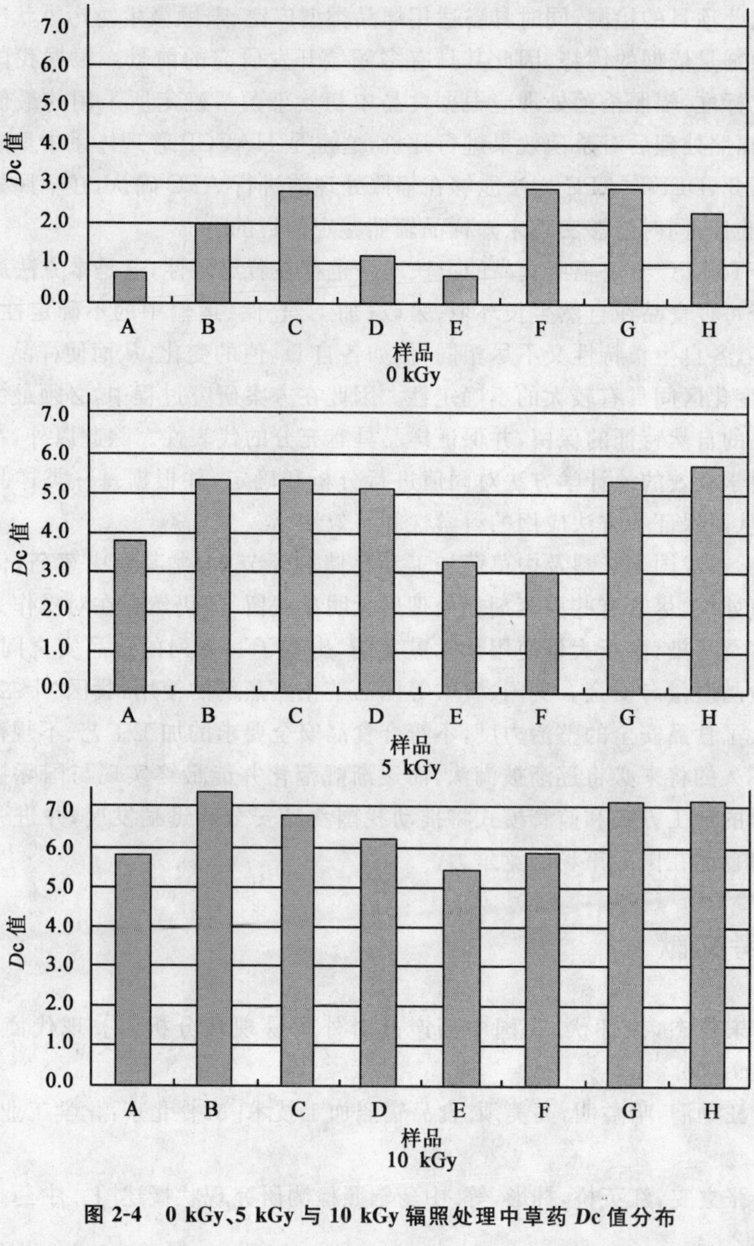

图 2-4　0 kGy、5 kGy 与 10 kGy 辐照处理中草药 *Dc* 值分布

(四)方法评价

由于本方法对实验室硬件条件要求不高，很多具备微生物检测条件的实验室即可开展此项目的检测，同时具备适用样品类型广泛、兼顾微生物污染状况监控和提供辐照剂量依据的优势，因此其具有多领域开发研究的前景。根据我国颁布的辐照工艺标准，辐照杀菌处理应根据食品中初始染菌量确定所采用的最低辐照剂量，并在辐照处理后对杀菌效果进行评价，这也是 HACCP 管理体系中重要的验证手段。因此，DEFT/APC 方法能够在辐照处理前进行 APC 确认，在辐照处理后进行 APC 验证，同时能够实现未知样品辐照鉴定的目的。

DEFT/APC 鉴定辐照食品的方法本身也存在着局限性，这是本方法原理决定的。由于每种食品在自然生长环境、采收、加工、仓储、运输中的不确定性，微生物种类繁多，各自生长特性又不尽相同，例如各自 D_{10} 值的变化，从而使样品中 DEFT 和 APC 变化区间具有较大的不确定性。因此在方案研究过程中，必须最大限度地保证样品的自然特征的保留，并保证样品具有充分的代表性。除此以外，在研究中应采用科学有效的统计学方法对阈值进行分析和确定，并根据每一类样品分别制定阈值，从而保证本方法应用的科学性和有效性。

目前，在我国调味料及中草药加工和存储等环节中，尤其是中草药，仍然大量采用熏蒸处理，尽管有些熏蒸剂在处理后无明显残留，但仍然存在对操作人员及环境的损害及污染，由于大量使用化学熏蒸剂，出现了一系列的食品安全问题，严重影响了食品质量与安全。美国、日本等国已禁止熏蒸剂的使用，我国“十二五”期间更是加大了食品安全的整治力度，不符合食品安全要求的加工工艺、不规范的存储方式在不久的将来必将逐渐被淘汰，而逐渐规范化并能最终实现与国际接轨的现代化科学的加工方式和监管模式将推动我国食品安全的迅猛发展，并进一步增加我国出口食品在国际市场的竞争力。

参考文献

[1] 宋英杰，徐怀伏. 我国中药产品对外贸易现状分析[J]. 现代商贸工业，2011，1:99-100.

[2] 汪勋清，哈益明，高美须. 食品辐照加工技术[M]. 北京：化学工业出版社，2005:8.

[3] 张立雯，江英桥，林彤，等. 中药辐照检测研究现状概述[J]. 中药材，2011，34(3):482.

[4] 郭桂萍，高洁湘，王匀，等. 辐照食品检测鉴定方法[J]. 中国食物与营养，2010，3:10-13.

[5] 施培新. 食品辐照加工原理与技术[M]. 北京：中国农业科学技术出版社，

2004.

[6] 赵永富,李俐俐,王志东,等.直接荧光过滤技术/平板计数法(DEFT/APC)检测辐照食品[J].核农学报,2010,24(5):1006-1010.

[7] 魏根拴,吴季兰.中草药γ辐照灭菌的辐射化学研究[J].同位素,1990,3(4):246-249.

[8] 王洪亮,张海滨,郑文杰,等.辐照调味料及中草药DEFT/APC方法检测[J].中国公共卫生,2009,25(增):79-81.

[9] 周志宽.中草药国际市场的现状与展望[J].中药研究与信息,1999,5:40-47.

[10] 杨明泉.辐照杀菌技术在调味香辛料中的应用[J].学术论坛,2008,6:44-45.

[11] Wirtanen G, Sjöberg A-M, Boisen F, et al. Microbiological Screening method for Indication of Irradiation of Spices and Herbs: A BCR Collaborative Study[J]. Journal of AOAC International, 1993, 76: 674-681.

[12] Copin M-P, Jehanno D, Bourgeols C M. Detection of irradiated deep-frozen foodstuffs by comparison of DEFT and APC counts[J]. Journal of Applied Bacteriology, 1993,75:254-258.

[13] Betts R P, Farr L, Bankes P, Stringer MF. Detection of irradiated foods using the Direct Epifluorescent Filter Technique[J]. Journal of Applied Bacteriology, 1988, 64:329-335.

[14] Boisen F, Skovgaard N, Ewald S, et al. Quantitation of Microorganisms in Raw Minced Meat using the Dircct Epifluorescent Filter Technique: NMKL Collaborative Study[J]. Journal of AOAC International, 1992, 75:465-473.

[15] Boisen F. Nordic Committee on Food Analysis (NMKL) standard, no. 137. Bacterial count. Determination by Direct Epifluorescent Filter Technique (DEFT) in raw minced meat, 1990.

[16] Pettipher GL. The direct epifluorescent filter technique for the rapid enumeration of micro-organisms. Research Studies Press LTD, 1983.

[17] Kume T, Furuta M, Todoriki S, et al. Status of food irradiation in the world[J]. Radiation Physics and Chemistry, 2009, 78:222-226.

第三章 内毒素/革兰氏阴性菌计数法

一、概述

(一)原理

细菌内毒素是革兰氏阴性菌细胞壁上的一种脂多糖(lipopolysaccharide)和微量蛋白(protein)的复合物,它是细菌死亡或解体后才释放出来的一种具有内毒素生物活性的物质。食品经过一定剂量辐照后,食品中活的革兰氏阴性菌基本上会被杀死,产生大量的细菌内毒素。通过对细菌内毒素的测定和革兰氏阴性菌的培养计数可以估算食品中死的革兰氏阴性菌总数与活的革兰氏阴性菌总数。如果两个结果的差异很大,说明该食品可能经过辐照处理。

(二)国内外应用现状

内毒素/革兰氏阴性菌筛选法具有简便、快速、不需要大型仪器设备等优点,尤其适用于基层微生物实验室对辐照食品的日常检测。

在国外,Scotter 等人早在 1990 年就开展应用内毒素检测法检测辐照鸡肉的研究,取得了较好效果。又在 1995 年发表了关于内毒素/革兰氏阴性菌法检测辐照鸡肉的评价方面的论文。欧盟于 2004 年颁布了内毒素/革兰氏阴性菌微生物筛选方法检测辐照食品的相关标准方法。该标准方法是一种辐照食品的初筛方法,对于可疑辐照样品还需其他标准方法确证。

近年来,我国部分学者也开展了有关辐照食品检测鉴别技术研究,建立了内毒素/革兰氏阴性菌初筛法检测辐照食品的技术方法,取得了较好效果,证明该方法是一种简便、快速的初筛方法,适用于辐照食品的初筛检测。

(三)样品适用范围

内毒素/革兰氏阴性菌微生物筛选法适用于禽畜肉及其制品、水产品等多种辐照食品的检测,尤其适用于基层微生物实验室对辐照食品的快速、高通量筛查。

(四)优缺点

该方法简便、快速、不需要大型仪器设备，尤其适用于基层微生物实验室对食品的日常检测。但是，样品中存在大量失活的微生物组织可能是由多种原因造成的，所以该方法只能说明样品可能经过辐照处理，还需要其他标准方法对辐照食品进行验证，来确证食品是否经过辐照。

二、方法

(一)培养基及试剂

蛋白胨盐溶液、营养琼脂、革兰氏阴性菌选择培养基。

(二)仪器设备

①电子天平：感量为 0.001 g。

②恒温培养箱：(21±1)℃，(37±1)℃。

③微量移液器：20～200 μL，100～1 000 μL。

④一次性无菌注射用针筒：100 mL。

⑤无热源试管：18 mm×180 mm。

⑥一次性灭菌培养皿：直径 90 mm。

⑦灭菌剪刀。

⑧无热源吸头。

⑨均质器。

⑩parafilm 封口膜。

(三)检验步骤

1.样品制备

以无菌操作称取剪碎后的样品 10 g，置于装有 90 mL 无内毒素水的灭菌无内毒素塑料袋(或容器)中，充分振摇、混匀，制成 10^{-1} 样品匀液，用于革兰氏阴性菌计数和细菌内毒素检测。

2.革兰氏阴性菌计数

在(21±1)℃的条件下，革兰氏阴性菌在含有乳酸链球菌素、青霉素和结晶紫的选择性培养基中好氧生长。

(1)样品稀释液的制备

用吸管准确吸取 10^{-1} 样品匀液 1 mL，加入装有 9 mL 蛋白胨盐溶液的灭菌试管中，充分振荡，制成10^{-2}样品匀液。重复相同操作，到样品被充分稀释(稀释到10^{-5})。

(2)接种与培养

倾注约10 mL制备好的营养琼脂[保温至(45±1)℃]于培养皿中，水平放置，待其凝固备用。然后分别在已凝固的营养琼脂平板上涂布0.1 mL不同稀释度的样品匀液，每个稀释度涂布两个平板。室温(20～25℃)条件下放置90 min。再倾注约10 mL革兰氏阴性菌选择性琼脂[保温至(45±1)℃]于营养琼脂表面。待琼脂凝固后将平皿翻转，(21±1)℃培养(24±1)h。如果平板上菌落的直径均小于0.5 mm，该平板应继续培养24 h后再进行计数。

(3)革兰氏阴性菌的计数

对每个菌落数少于300个的平板进行计数。为了使结果有效，有必要对最少含有15个菌落的至少一个平板进行计数。使用公式(3-1)算出从2个连续的稀释液中得到的加权平均值来表示一个测试样品中存在的革兰氏阴性菌的数目N。

$$N=\frac{\sum c}{V[n_1+(0.1\times n_2)d]} \tag{3-1}$$

式中：$\sum c$为从2个连续稀释度中得到的所有平板上菌落数的总和，其中至少有一个平板含有最低15个菌落数的平板；V为接种到每个平板的体积，用毫升表示(这里是0.1 mL)；n_1为第一个稀释度接种的平板数；n_2为第二个稀释度接种的平板数；d为与第一个稀释度相关的稀释因子。

例如

稀释倍数	每个重复平板上菌落数	
10^{-3}	271	240
10^{-4}	30	32

则
$$N=\frac{573}{0.1\times(2+0.2)\times 10^{-3}}=2.6\times 10^{6}\,(\text{cfu GNB/g}) \tag{3-2}$$

若最低稀释倍数10^{-1}样品匀液的平板上菌落数少于15个，则报告菌落数最多的平板上的菌落数，报告结果为估计值(E)。

若最低稀释度10^{-1}样品匀液的平板上未发现革兰氏阴性菌，应报告“革兰氏阴性菌未检出”。

3.细菌内毒素检测

(1)样品稀释液的制备

用1 mL无内毒素吸头吸取300 μL 10^{-1}样品匀液,加入装有650 μL无内毒素水的灭菌无内毒素试管中,通过移液器吹吸使其充分混合均匀,制成稀释倍数为$10^{-0.5}$的样品匀液。重复相同操作,将$10^{-0.5}$的样品匀液依次稀释为$10^{-1.0}$、$10^{-1.5}$、$10^{-2.0}$、…直到样品被充分稀释(通常稀释到10^{-5})。

(2)内毒素标准品的溶解

取内毒素标准品(10 EU)加入1 mL无内毒素水,复溶后置旋涡混匀器混匀15 min,充分溶解,制成10 EU/mL的内毒素标准品溶液。然后按照上述样品稀释方法进行稀释。

(3)鲎试剂的溶解

按试剂盒标示量,加入无内毒素水溶解,轻轻振摇至少30 s至试剂完全溶解,制成0.1 mL/瓶鲎试剂溶液。

(4)内毒素检测

以内毒素标准品为阳性对照,无内毒素水为阴性对照,分别取0.1 mL不同稀释度的样品匀液加入含有0.1mL鲎试剂的无内毒素试管中,混合摇匀,用Parafilm封口膜封闭管口,(37±1)℃反应(60±2)min。当试管内的内容物发生完全凝集时为阳性记为“+”,部分凝集时记为“+/−”,未凝集时记为“−”。

(5)内毒素含量计算

①效价计算:通过不同稀释度中最后的阳性结果来决定效价,效价计算实例如表3-1所示,若试管内容物发生完全凝集,以实际效价用于内毒素含量计算;若发生部分凝集,则以此稀释度的效价加上其前发生完全凝集的稀释度效价,取其平均效价用于内毒素含量计算。

表3-1　内毒素实验效价计算实例

样品	不同稀释度样品匀液内毒素实验反应结果								效价
	$10^{-0.5}$	$10^{-1.0}$	$10^{-1.5}$	$10^{-2.0}$	$10^{-2.5}$	$10^{-3.0}$	$10^{-3.5}$	$10^{-4.0}$	
样品1	+	+	+	−	−	−	−	−	1.5
样品2	+	+	+/−	−	−	−	−	−	1.25

②内毒素含量计算:测试样品中内毒素含量用EU/g来报告,结果表述为lg EU/g。使用公式(3-3)和公式(3-4)计算每克样品含有的内毒素量EU:

$$EU/mL = 10^{(效价)} \times 溶解物的灵敏度(由试剂生产商提供) \tag{3-3}$$

$$EU/g = EU/mL \times 10 \tag{3-4}$$

(四)数据分析

革兰氏阴性菌计数法的基本单位以每克样品中的革兰氏阴性菌的菌落数(GNB)的对数形式表示,即 lg(cfu GNB/g);内毒素检测法检测结果以每克样品中内毒素含量的对数形式表示,即 lg(EU/g)。根据公式 lg(EU/g)－lg(cfu GNB/g),计算革兰氏阴性菌数和细菌内毒素结果的差异。结果判定如下:

①若样品中细菌内毒素含量高,革兰氏阴性菌数少或不可检测,即 lg(EU/g)－lg (cfu GNB/g)＞0 ,则表明样品中微生物状态不正常。即当 lg(EU/g)－lg(cfu GNB/g)＞0 时,该样品疑是辐照样品,需进行进一步的辐照鉴定试验。

②若细菌内毒素浓度与革兰氏阴性菌数都很高且近似,则表明样品的微生物状态正常。即当 lg(EU/g)－lg(cfu GNB/g)≤0 时,该样品是未辐照的样品。

③若细菌内毒素值 lg(EU/g)＜2,且革兰氏阴性菌数也很低,lg(cfu GNB/g)＜2 时 ,该结果应判定为不可确定,需进行进一步的辐照鉴定试验。

(五)注意事项

①检测方法需要采取以下 2 个步骤:A. 检测样品中的革兰氏阴性菌含量;B. 采用内毒素检测法检测样品中内毒素的含量。所以,获得试验样品后,应立即采用革兰氏阴性菌计数和内毒素检测两种方法同时进行检测,以避免微生物进一步繁殖造成的影响。如果不能立即检测,那么检测前样品应贮藏于－20℃,并尽快检测。

②内毒素检验方法中试验所用的器皿需经处理,以去除可能存在的外源性内毒素,常用的方法是在 250℃干烤至少 60 min,也可采用其他确证不干扰细菌内毒素检查的适宜方法。

三、应用

(一)无皮鸡胸样品的检测

①试验以无皮鸡胸样品为研究对象,经^{60}Co 辐照得到 3 种试验样品的 9 个辐照剂量(0 kGy、1 kGy、1. 5 kGy、2 kGy、2. 5 kGy、5 kGy、7. 5 kGy、10 kGy、15 kGy),不同剂量的辐照样品进行革兰氏阴性菌计数和细菌内毒素检测,检测结果如表 3-2 及表 3-3 所示。

表 3-2　不同辐照剂量的无皮鸡胸样品革兰氏阴性菌培养结果

样品名称 辐照剂量	稀释度										N/(cfu GNB/g)	lg N
	10^{-1}		10^{-2}		10^{-3}		10^{-4}		10^{-5}			
鸡胸 0 kGy	>300	>300	124	129	12	13	2	0	0	0	1.27×10^{5}	5.1
鸡胸 1 kGy	78	73	7	8	0	0	0	0	0	0	7.6×10^{3}	3.88
鸡胸 1.5 kGy	2	3	0	0	0	0	0	0	0	0	3	0.48
鸡胸 2 kGy	1	2	0	0	0	0	0	0	0	0	2	0.30
鸡胸 2.5 kGy	1	2	0	0	0	0	0	0	0	0	2	0.7
鸡胸 5 kGy	1	0	0	0	0	0	0	0	0	0	1	0
鸡胸 7.5 kGy	0	0	0	0	0	0	0	0	0	0	0	0
鸡胸 10 kGy	0	0	0	0	0	0	0	0	0	0	0	0
鸡胸 15 kGy	0	0	0	0	0	0	0	0	0	0	0	0

表 3-3　不同辐照剂量的无皮鸡胸样品内毒素定量检测结果

样品名称 辐照剂量	稀释度								效价	EU/mL	EU/g	lg(EU/g)
	$10^{-0.5}$	10^{-1}	$10^{-1.5}$	10^{-2}	$10^{-2.5}$	10^{-3}	$10^{-3.5}$	10^{-4}				
阳性质控	+	+	+	−	−	−	−	−	/	/	/	/
阴性质控					−				/	/	/	/
鸡胸 0 kGy	+	+	+	+	+	−	−	−	2.5	158.1	1 581	3.2
鸡胸 1 kGy	+	+	+	+	+	−	−	−	2.5	158.1	1 581	3.2
鸡胸 1.5 kGy	+	+	+	+	+	−	−	−	2.5	158.1	1 581	3.2

续表 3-3

样品名称 辐射剂量	稀释度								效价	EU/mL	EU/g	lg(EU/g)
	$10^{-0.5}$	10^{-1}	$10^{-1.5}$	10^{-2}	$10^{-2.5}$	10^{-3}	$10^{-3.5}$	10^{-4}				
鸡胸 2 kGy	+	+	+	+	+	−	−	−	2.5	158.1	1 581	3.2
鸡胸 2.5 kGy	+	+	+	+	+	−	−	−	2.5	158.1	1 581	3.2
鸡胸 5 kGy	+	+	+	+	+	−	−	−	2.5	158.1	1 581	3.2
鸡胸 7.5 kGy	+	+	+	+	+	+	−	−	3	500	5 000	3.7
鸡胸 10 kGy	+	+	+	+	+	+	−	−	3	500	5 000	3.7
鸡胸 15 kGy	+	+	+	+	+	+	−	−	3	500	5 000	3.7

②数据分析与结果计算：

鸡胸 0 kGy 样品：lg(EU/g)－lg(cfu GNB/g)＝3.2－5.1＝－1.9＜0

该样品为未辐照样品。

鸡胸 1 kGy 样品：lg(EU/g)－lg cfu(GNB/g)＝3.2－3.88＝－0.68＜0

该样品为未辐照样品。

鸡胸 1.5 kGy 样品：lg(EU/g)－lg(cfu GNB/g)＝3.2－0.48＝2.72＞0

该样品疑是辐照样品，需进一步确证。

鸡胸 2 kGy 样品：lg(EU/g)－lg(cfu GNB/g)＝3.2－0.30＝2.9＞0

该样品疑是辐照样品，需进一步确证。

鸡胸 2.5 kGy 样品：lg(EU/g)－lg(cfu GNB/g)＝3.2－0.7＝2.5＞0

该样品疑是辐照样品，需进一步确证。

鸡胸 5 kGy 样品：lg(EU/g)－lg(cfu GNB/g)＝3.2－0＝3.2＞0

该样品疑是辐照样品，需进一步确证。

鸡胸 7.5 kGy 样品：lg(EU/g)－lg(cfu GNB/g)＝3.7－0＝3.7＞0

该样品疑是辐照样品，需进一步确证。

鸡胸 10 kGy 样品：lg(EU/g)－lg(cfu GNB/g)＝3.7－0＝3.7＞0

该样品疑是辐照样品，需进一步确证。

鸡胸 15 kGy 样品：lg(EU/g)－lg(cfu GNB/g)＝3.7－0＝3.7＞0

该样品疑是辐照样品，需进一步确证。

通过以上计算结果可知，未辐照的无皮鸡胸样品和经 1 kGy 辐照后的样品细菌内毒素浓度与革兰氏阴性菌数都很高，lg(EU/g)－lg(cfu GNB/g)＜0，该剂量辐照样品是未辐照的样品。而辐照剂量≥1.5 kGy 时 lg(EU/g)－lg(cfu GNB/g)＞0，该剂量范围辐照样品疑是辐照样品。

(二)带皮鸡翅样品的检测

①试验以带皮鸡翅样品为研究对象，经^{60}Co 辐照得到 3 种试验样品的 9 个辐照剂量(0 kGy、1 kGy、1.5 kGy、2 kGy、2.5 kGy、5 kGy、7.5 kGy、10 kGy、15 kGy)，不同剂量的辐照样品进行革兰氏阴性菌计数和细菌内毒素检测，检测结果如表 3-4 及表 3-5 所示。

表 3-4 不同辐照剂量的带皮鸡翅样品革兰氏阴性菌培养结果

样品名称 辐照剂量	稀释度										N/(cfu GNB/g)	lg N
	10^{-1}		10^{-2}		10^{-3}		10^{-4}		10^{-5}			
鸡翅 0 kGy	＞300	＞300	138	141	15	13	2	1	0	0	1.4×10^5	5.15
鸡翅 1 kGy	＞300	＞300	42	28	4	3	0	0	0	0	3.4×10^4	4.53
鸡翅 1.5 kGy	4	3	0	0	0	0	0	0	0	0	4	0.60
鸡翅 2 kGy	1	1	0	0	0	0	0	0	0	0	1	0
鸡翅 2.5 kGy	0	0	0	0	0	0	0	0	0	0	0	0
鸡翅 5 kGy	0	0	0	0	0	0	0	0	0	0	0	0
鸡翅 7.5 kGy	0	0	0	0	0	0	0	0	0	0	0	0
鸡翅 10 kGy	0	0	0	0	0	0	0	0	0	0	0	0
鸡翅 15 kGy	0	0	0	0	0	0	0	0	0	0	0	0

表 3-5 不同辐照剂量的带皮鸡翅样品内毒素定量检测结果

样品名称 辐照剂量	稀释度								效价	EU/mL	EU/g	lg(EU/g)
	$10^{-0.5}$	10^{-1}	$10^{-1.5}$	10^{-2}	$10^{-2.5}$	10^{-3}	$10^{-3.5}$	10^{-4}				
阳性质控	+	+	+	－	－	－	－	－	/	/	/	/
阴性质控	－								/	/	/	/
鸡翅 0 kGy	+	+	+	+	+	+	+	－	3.5	1 581.1	15 811	4.2
鸡翅 1 kGy	+	+	+	+	+	+	+	－	3.5	1 581.1	15 811	4.2
鸡翅 1.5kGy	+	+	+	+	+	+	+	－	3.5	1 581.1	15 811	4.2
鸡翅 2 kGy	+	+	+	+	+	+	+	－	3.5	1 581.1	15 811	4.2
鸡翅 2.5 kGy	+	+	+	+	+	+	+	－	3.5	1 581.1	15 811	4.2
鸡翅 5 kGy	+	+	+	+	+	+	+	－	3.5	1 581.1	15 811	4.2
鸡翅 7.5 kGy	+	+	+	+	+	+	+	+	4	5 000	50 000	4.7
鸡翅 10 kGy	+	+	+	+	+	+	+	+	4	5 000	50 000	4.7
鸡翅 15 kGy	+	+	+	+	+	+	+	+	4	5 000	50 000	4.7

②数据分析与结果计算：

鸡翅 0 kGy 样品：lg(EU/g)－lg(cfu GNB/g)＝4.2－5.15＝－0.95＜0

该样品为未辐照样品。

鸡翅 1 kGy 样品：lg(EU/g)－lg(cfu GNB/g)＝4.2－4.53＝－0.33＜0

该样品为未辐照样品。

鸡翅 1.5 kGy 样品：lg(EU/g)－lg(cfu GNB/g)＝4.2－0.6＝3.8＞0

该样品疑是辐照样品，需进一步确证。

鸡翅 2 kGy 样品：lg(EU/g)－lg(cfu GNB/g)＝4.2－0＝4.2＞0

该样品疑是辐照样品，需进一步确证。

鸡翅 2.5 kGy 样品：lg(EU/g)－lg(cfu GNB/g)＝4.2－0＝4.2＞0

该样品疑是辐照样品，需进一步确证。

鸡翅 5 kGy 样品：lg(EU/g)－lg(cfu GNB/g)＝4.2－0＝4.2＞0

该样品疑是辐照样品，需进一步确证。

鸡翅 7.5 kGy 样品：lg(EU/g)－lg(cfu GNB/g)＝4.7－0＝4.7＞0

该样品疑是辐照样品，需进一步确证。

鸡翅 10 kGy 样品：lg(EU/g)－lg(cfu GNB/g)＝4.7－0＝4.7＞0

该样品疑是辐照样品，需进一步确证。

鸡翅 15 kGy 样品：lg(EU/g)－lg(cfu GNB/g)＝4.7－0＝4.7＞0

该样品疑是辐照样品，需进一步确证。

通过以上计算结果可知，未辐照的带皮鸡翅样品和经 1 kGy 辐照后的带皮鸡翅样品细菌内毒素浓度与革兰氏阴性菌数都很高，lg(EU/g)－lg(cfu GNB/g)＜0，该剂量辐照样品是未辐照的样品。而辐照剂量≥1.5 kGy 时 lg(EU/g)－lg(cfu GNB/g)＞0，该剂量范围辐照样品疑是辐照样品。

(三)其他样品的检测

①试验中以猪肉、虾丸、鱼丸为实验对象，未辐照的样品和经 5 kGy 辐照后的样品用本方法检验，革兰氏阴性菌计数结果和细菌内毒素检测结果如表 3-6 及表 3-7 所示。

表 3-6　不同辐照剂量的多种样品革兰氏阴性菌培养结果

样品名称 辐照剂量	稀释度										N/(cfu GNB/g)	lg N
	10^{-1}		10^{-2}		10^{-3}		10^{-4}		10^{-5}			
猪肉 0 kGy	172	185	15	20	1	2	0	0	0	0	1.8×10^4	4.25
猪肉 5 kGy	0	0	0	0	0	0	0	0	0	0	0	0
虾丸 0 kGy	83	96	8	10	1	0	0	0	0	0	8.95×10^3	3.95
虾丸 5 kGy	0	0	0	0	0	0	0	0	0	0	0	0
鱼丸 0 kGy	93	104	11	13	1	2	0	0	0	0	9.85×10^3	3.99
鱼丸 5 kGy	0	0	0	0	0	0	0	0	0	0	0	0

表 3-7　不同辐照剂量的多种样品内毒素定量检测结果

样品名称 辐照剂量	稀释度								效价	EU/mL	EU/g	lg(EU/g)
	$10^{-0.5}$	10^{-1}	$10^{-1.5}$	10^{-2}	$10^{-2.5}$	10^{-3}	$10^{-3.5}$	10^{-4}				
阳性质控	+	+	+	−	−	−	−	−	/	/	/	/
阴性质控	−								/	/	/	/
猪肉 0 kGy	+	+	+	−	−	−	−	−	1.5	15.81	158.1	2.2
猪肉 5 kGy	+	+	+	−	−	−	−	−	1.5	15.81	158.1	2.2
虾丸 0 kGy	+	+	+	−	−	−	−	−	1.5	15.81	158.1	2.2
虾丸 5 kGy	+	+	+	−	−	−	−	−	1.5	15.81	158.1	2.2
鱼丸 0 kGy	+	+	+	+	+	+	−	−	3	500	5 000	3.7
鱼丸 5 kGy	+	+	+	+	+	+	−	−	3	500	5 000	3.7

②结果计算：

猪肉 0 kGy 样品：lg(EU/g)−lg(cfu GNB/g)＝2.2−4.25＝−2.05<0

该样品为未辐照样品。

猪肉 5 kGy 样品：lg(EU/g)−lg(cfu GNB/g)＝2.2−0＝2.2>0

该样品疑是辐照样品。

虾丸 0 kGy 样品：lg(EU/g)−lg(cfu GNB/g)＝2.2−3.95＝−1.75<0

该样品为未辐照样品。

虾丸 5 kGy 样品：lg(EU/g)−lg(cfu GNB/g)＝2.2−0＝2.2>0

该样品疑是辐照样品。

鱼丸 0 kGy 样品：lg(EU/g)−lg(cfu GNB/g)＝3.7−3.99＝−0.29<0

该样品为未辐照样品。

鱼丸 5 kGy 样品：lg(EU/g)−lg(cfu GNB/g)＝3.7−0＝3.7>0

该样品疑是辐照样品。

分析试验的结果可知，猪肉、鱼丸、虾丸等 3 种食品的 0 kGy（未辐照）样品，lg(EU/g)−lg(cfu GNB/g)<0，检测结果为未经辐照样品；5 kGy 辐照样品，lg(EU/

g)－lg(cfu GNB/g)＞0，检测结果为疑是辐照样品。

四、小结

试验所建立的检测辐照食品的内毒素/革兰氏阴性菌微生物筛选法，检测灵敏度≥1.5 kGy，适用于肉及肉制品、水产品等多种辐照食品的初筛检测。仪器设备要求较低，操作简便，适用于常规微生物检验实验室对辐照食品的检测。但是本方法是初筛方法，对疑是经过辐照处理的食品样品需要结合其他方法进行确认。欧洲标准 EN 14569:2004 中建议采用BS EN 1784，BS EN 1785，BS EN 1786 标准进行确认。

参考文献

[1] EN 1784. Foodstuffs Detection of irradiated food containing fat. Gas chromatographic analysis of hydrocarbons.

[2] EN 1785. Foodstuffs-Detection of irradiated food containing fat-Gas chromatographic/mass spectrometric analysis of 2-alkylcyclobutanones.

[3] EN 1786. Foodstuffs-Detection of irradiated food containing bone-Method by ESR spectroscopy.

[4] Scotter S L, Holley P and Wood R. Co-operative trial of methods of analysis to detect irradiation treatment of chicken samples: initial trial. Int. J. Food Sci. Technol., 1990, 25:512-518.

[5] Scotter S L, Wood R and McWeeny D. Evaluation of the Limulus amoebocyte lysate test in conjunction with a Gram negative bacterial count for detecting irradiation of chicken. Radiat. Phys. Chem., 1990, 36:629-638.

[6] Scotter S L, Beardwood K and Wood R. Detection of irradiation of poultry meat using the Limulus amoebocyte lysate test in conjunction with a Gram negative bacteria Count: Collaborative Trial. J. Assoc. Publ. Analysts, 1995, 31(4):163-178.

[7] Sudi J, Suhren G, Heeschen W and Tolle A. Entwicklung eines miniaturisierten Limulus-Tests im Mikrotitier-System zum quantitativen Nachweis gram-negativer Bakterien in Milch und Milchprodukten (Development of a minia-

turised Limulus assay using the microtitre system for the quantitative determination of Gram negative bacteria in milk and milk products). Milchwissenschaft, 1981,36 (4):193.

[8] BS EN 14569—2004. Foodstuffs-Microbiological screening for irradiated food using LAL/GNB procedures.

第四章　DNA 彗星技术检测法

一、概述

(一)前言

彗星试验(comet assay)又叫单细胞凝胶电泳(single cell gel electrophoresis,SCGE),1984 年起用于检测真核细胞的 DNA 断裂和修复,具有方法灵敏、快速的优点,同时既可以定性又可以定量,因其简单、多功能、经济实用而赢得了广大科研工作者的青睐,已成为一个评定 DNA 损伤的标准方法,广泛应用于遗传毒性试验、人类生物监测和分子流行病学、生态毒理学以及 DNA 损伤修复的基础研究。它在论证 DNA 损伤中的成功已足以证明它的价值。但是在应用彗星试验时还应考虑它如何运作和它提供何种信息,因为它不仅能告诉我们细胞内存在的损伤的类型,而且能告诉我们损伤的程度。由于对特异性核酸内切酶损伤的引入使其可以检测紫外线诱导的嘧啶二聚体、氧化碱基和烷基化损伤,使得彗星试验这种检测 DNA 断裂的基本方法会出现一些误差。

(二)检测原理和检测指标

1. 背景

20 世纪 70 年代,Peter Cook 和其同事们制定了一种用非离子去污剂使细胞溶解来研究核结构的方法。这种处理除去胞膜、胞质和核质,并使核小体破裂(几乎所有的组蛋白均被浓盐提取),剩下的就是由核基质或 RNA、蛋白质组成的支架以及 DNA 所构成的类核,其 DNA 的双螺旋以核小体的组蛋白为核心形成负超螺旋结构。超螺旋的存在使 DNA 不能自由旋转,Cook 等提出一个模型,DNA 间断地附加于基质,有效地形成一系列环状而不是线性分子。当加入嵌入剂溴化乙锭时,负超螺旋松散,环状结构从类核核心伸展开来,形成一个晕圈。同样,用电离辐射来破坏环状结构时可发现相似的效应,单链断裂就足以使超螺旋松散。

彗星试验最常用的形式是细胞被包埋于琼脂糖中后,用去污剂和浓盐溶解,这样 DNA 就被固定,用于继后的电泳。彗星试验最早由 Ostling 和 Johanson 阐述,他们参考 Cook 等的类核模型,用松散的超螺旋的 DNA 对彗星尾巴加以描述,事实上,彗星尾巴可被简单地看作被电场拉向一边的晕圈。Ostling 和 Johanson 采用低于10的pH值。尽管我们现在采用最多的是碱性SCGE，但对于检测单链断裂，并不需要在高pH值下进行。

2.常用的彗星试验形式

(1)碱性单细胞凝胶电泳

Ostling和Johanson的试验方法并没有被广泛采用。几年以后，两个研究组独立地提出了包括在高pH值下处理的方法，Singh等在pH值为10的情况下用2.5 mol/L NaCl、Triton-100和十二烷基肌氨酸钠溶解细胞1 h，然后用碱(0.3 mol/L NaOH)处理，在高pH值(>13)的情况下电泳。Olive等在电泳前用弱碱(0.03 mol/L NaOH)溶解细胞1 h。于是，彗星试验被看作是和碱性解旋、碱性洗脱、碱性蔗糖沉降同类，为了把DNA断裂暴露出来，都必须用碱性变性来把DNA双链同DNA断链区分开来。用碱是使彗星尾巴更显著，在不影响其灵敏度的情况下提高检测的分辨率。Ostling和Johanson利用这种方法，检测了1～3 Gy之间的电离辐射的效应，Singh等报告在0.25～3 Gy范围内彗星尾长增加。

(2)中性单细胞凝胶电泳

在上述方法发现后，用中性方法检测低水平DNA断裂能力的另外一种方法被提出。在一段时间的碱性处理后，恢复条件至中性后再电泳。这一改变降低了其敏感性，扩宽了其应用范围，但仍用于检测单链断裂。

为了能排除单链断裂的干扰，方便地检测双链断裂，Olive等提出了一种完全不同的中性彗星试验。他们的方法采用了在50℃的琼脂糖长时间处理溶解细胞，在这种情况下核基质可能被破坏，从而真正地观察DNA双链断片(或这些断片的游离末端)。Ostling和Johanson利用中性单细胞凝胶电泳实验检测到射线引起的DNA双链断裂。

(3)对损伤特异酶类的使用

检测DNA断链只能给出有限的信息。一些损伤剂可能直接引起DNA断裂，但通常它们会很快重新连接起来。事实上它们可能只是脱嘌呤/脱嘧啶位点(即AP位点或无碱基糖)，因其在碱性条件下不稳定，所以看似断片。它们也可能是细胞内修复的中间产物。因为核苷酸和碱基切除修复过程都是切掉损伤并用正确的碱基予以替换。为了在提高灵敏度的同时提高特异度，我们介绍了用可产生特定损伤或断裂的酶来消化类核的额外步骤。因此，核酸内切酶Ⅲ用于检测氧化的嘧啶，甲酰胺基嘧啶DNA糖基化酶(FPG)用于检测主要的嘌呤氧化产物8-羟基鸟嘌呤和其他改变了的嘌呤，T4核酸内切酶Ⅴ用于识别UV诱导的环丁烷嘧啶二聚体，Alk A在3-甲基腺嘌呤端切割DNA。上述实例中，DNA断裂频率增加则彗星尾部强度增加。

在过氧化氢处理过或加有光敏剂用可见光处理过的细胞中，用核酸内切酶Ⅲ

或 FDG 很容易检测出氧化碱基。这种氧化的碱基在正常人淋巴细胞中也有一定数量的发现。

3.不太常用的彗星试验形式

(1)5-溴-2 脱氧尿苷标记检测复制 DNA

和 DNA 复制有关的 DNA 断裂将使彗星尾长增加，然而，用这种方法不可能辨别出 S 期和非 S 期细胞——可能是因为在某一时间参与复制的 DNA 数目极少，或因为复制装置用某种方法稳定复制叉，使这种断裂和正常的损伤断裂不同。如果在复制期间用 5-溴-2 脱氧尿苷(BDdR)来标记细胞，然后用抗 5-溴-2 脱氧尿苷抗体显色，可观察到带有标记的彗尾，后 5-溴-2-脱氧尿苷标记期间 DNA 复制的成熟导致标记物质重新进入头部。

(2)检测 DNA 修复的中间物

有的断裂可看作 UV 诱导损伤时核苷酸切除修复的中间物，此种断裂通常是短命的——至少在增殖细胞中是如此。把 UV 照射的细胞和 DNA 合成抑制剂羟基脲、阿糖胞苷或阿非迪霉素一起培养，将阻断断片的修复合成，引起剪切断裂的积累，这就提供了一个检测损伤的敏感方法(在非分裂细胞如外周血淋巴细胞，剪切裂口在没有抑制剂时也能积累，因为其再连接的速率受三磷酸脱氧核苷供应不足的限制)。Collins 等(1996)利用核酸内切酶 *Hind* Ⅲ 和甲酰胺嘧啶糖基酶分别检测了氧化嘧啶和 8-羟基鸟嘌呤的损伤。

(3)荧光原位杂交彗星试验

彗星的出现反映出细胞内 DNA 损伤的总体情况。它对特殊染色体或染色体区域的定位及区分彗星内 DNA 或特殊基因的种类非常有用。Santos 等(1997)将 SCGS 于 DNA 原位杂交相结合。荧光原位杂交(FISH)通常用 cDNA 或寡聚核苷酸探针识别目的基因的序列而达到此目的，但要同包埋在正常杂交温度下溶解的琼脂糖中有彗星微细结构的 DNA 杂交，还存在技术困难。目前这些问题已经解决，用它来识别特殊染色体的 DNA、端粒 DNA、着丝粒 DNA 和单拷贝基因已成为可能。目前用这种方法很少能出现有用的信息(尽管图像很漂亮)，但还是很有前途的。例如，它可以用于检测低剂量 DNA 损伤剂处理后特殊基因的修复速度。

4.彗星试验检测凋亡

当几乎所有的 DNA 都在彗星尾部，就使彗星的头部变小，可以把其想象成一个环状彗星。因为某些原因，有人认为环状彗星代表凋亡细胞。当然，一些损伤相对严重的细胞将经过程序性细胞死亡是完全可能的，但不能被描述为凋亡，有两个理由：①凋亡是不可逆的，但显示为环状彗星的受损细胞可修复它们的损伤，使环状消失。②凋亡的特征是 DNA 断片变为核小体寡聚体大小，这些小片段 DNA 在溶解或电泳过程中肯定会消失;有时可能看见极少正常DNA荧光的彗星残影,可能代表凋亡细胞中的高分子质量DNA残影。

彗星试验用于检测凋亡有困难,原因在于从单细胞水平上不太容易得到比较准确的断片长度信息。而且由于彗星头本身是一个面而不是一个点或者线,因此将众多彗星图像叠加起来看也很难。另外,在直角坐标系下描述彗星图像,本身就可能会丢失一些信息。极坐标系可能会更好些,但是也会有其固有的缺点。

最近Singh提出一个观察凋亡细胞的方法,和普通彗星试验一样,把细胞包埋入琼脂糖并溶解,然后并没有电泳,而用乙醇沉淀DNA来替代。已知的凋亡诱导剂处理过的细胞显示出粒状DNA的晕圈和模糊的外边界,如同扩散的小片段显示的一样。

(三)彗星的定量

1.观察彗星

用DNA结合染料染色后,在荧光显微镜下可观察DNA,溴化乙锭(EB)最为常用,4,6-二脒基-2-苯基吲哚(DAPI)次之。EB是一种嵌入型染料,与DNA单链相比,能更有效地结合DNA双链。DAPI能与DNA双螺旋主沟结合,荧光强度视双链结构而定。碱处理时DNA链分开,即使头部完整的超螺旋在中和时易于复性,但至少DNA尾部将会彻底地变为单链。用吖啶橙(AO)染色更肯定这一点。AO使单链核酸呈现红色荧光,使双链DNA呈现黄/绿色荧光。我们发现用AO染色会产生红色的彗星尾巴和明显的黄/绿色彗星头。那么我们用EB和DAPI可以观察到什么呢?起码和DNA双链相比,DNA单链的强度要小一些,所以,尾部DNA所占的百分比越高,整个彗星所能检测出的荧光就越少。我们用DAPI测量过,发现总荧光量几乎未减少。对从被更为有效染色的DNA双链中去掉的头部中被浓密包裹的DNA来说,或许有一种偶然的代偿和荧光的自淬灭。无论是什么原因,我们都可以从彗星中获得更多的信息。总荧光量反映出DNA含量,与G1期细胞相比,G2期细胞能使彗星荧光量增加。因此,细胞群中每个彗星的损伤水平可以和细胞周期联系起来。实际上,彗星实验和流式细胞仪一样,均和DNA含量有关。

2.彗星测量:图像分析

有很多能计算彗星荧光参数的软件包可供选择。最重要的参数是尾长,头尾光密度比(通常以尾部DNA所占百分比表示)和尾矩。尾长非常有用,因其只在相对低的损伤水平增加。随后损伤剂量增加时,尾部光密度增加,而尾长不变。因尾部的终点由设定的超出背景的荧光值决定,所以尾长也对图像分析系统所设定的背景或阈值很敏感。相对来说,尾部光密度是最为有用的参数,因其与损伤频率呈线性关系,受阈值设定的影响较小,并在最大范围内分辨损伤(理论上,尾部

DNA 从 0%～100%)。同时,它也可给出判断彗星实际外观的明确指标。相比之下,第三个参数尾矩(基本上是尾长与尾光密度的产物)综合了尾长和尾部 DNA 百分数两种指标,而这两个指标的实际意义并不完全一致,至少可以粗略理解为它们一个反映断片有多少,另一个反映断片有多多,它们相关但却不同。但是第三个参数尾矩与损伤剂量没有线性关系,这也是它不受欢迎的原因。但是,非线性不是不可逾越的困难,建立明确的数学模型,这个问题应该是可以解决的,只要建立的数学模型的"训练数据"是可靠的。建议每张片子分析 50 个彗星。

Helma 等设计的软件(sieion image)能测量彗星强度、尾长、头面积、尾面积、尾部 DNA 含量、尾矩等多项参数,提出以尾长作为衡量 DNA 损伤测定的依据,而且该软件可根据需要进行修改,并具有操作简便、快捷的优点。2001 年,朱志良等研制的彗星图像分析软件(IMI),除具备 Helma 研制软件的优点,且在中文界面下使用起来更方便快捷。Konca(2003)等在 Helma 的基础上研制了另一软件(CASP),该软件可在多种硬件及软件平台上运行,所测量的彗星参数中增加了 Olive 尾矩,而且用户界面更好。邢彩虹等用上述 3 种软件对同一苯接触工人的 100 个白细胞,重复两次测定,结果显示,3 个软件测量结果的重复性均很高,两次测量结果的 Spearman 相关系数均大于 0.95,3 个软件所测尾长之间均有很好的相关性,IMI 和 CASP 的相关性最高,相关系数为 0.65。

3. 彗星测量:视觉评分

可以不用复杂的图像分析程序统计 DNA 损伤。目测可以很方便地依据彗星特征辨别损伤程度。从 0(无尾)到 4(几乎所有的 DNA 都在尾部),分为 5 级。如记分 100 个彗星,根据它们的特征给每个彗星分级,样品的总分就在 0～400 之间。视觉评分简单快速,具有实用价值。

4. 彗星的选择

在计算机图像分析法和视觉评分过程中,彗星的选择要毫无偏性,要能代表整块凝胶。要避开边缘和气泡周围区域,因为这些地方的彗星经常表现出异常高的损伤水平。重叠的彗星不能被分析,至少用计算机分析是不可能的,但大多数重叠的彗星都是那些带有大尾巴的。如果放弃太多的重叠彗星,结果肯定会偏向无损伤的、小尾巴的彗星。注意不要让凝胶中的细胞密度过大。

5. 校准

校准的常用方法是用 γ 或 X 射线来照射样品使 DNA 产生已知数量的单链断裂。断裂很快就会修复,所以,细胞应在冰上照射,最好是已经用琼脂包埋,以使操作后处理最小化。在 0～8 Gy 之间,彗星尾部 DNA 百分含量呈线性增加,相当于每 10^9 u DNA 损伤达到 2.5 个断裂 。用 SCGE 评估 DNA 行为时就要将这种因素考虑进去,它相当于约 160 μm 的片段长度——远长于彗尾本身的长度。

二、方法

(一)仪器

电泳仪和倒置荧光显微镜。

(二)操作步骤

1.样品处理

用解剖刀将猪肝样品切成极薄的薄片,取1 g样品转移至盛有5 mL冰冷PBS溶液的小烧杯中。将此烧杯放入装有碎冰的大烧杯中冷却,以500 r/min搅拌。悬浮液顺次通过孔径大小200 μm的筛子进行过滤。滤液在冰上放置5 min,作为细胞提取物。

2.预涂层载玻片

用一薄层琼脂糖对载玻片进行预涂层,以提高其与琼脂糖凝胶的黏附性。预涂层前先将载玻片用甲醇浸泡过夜,除去上面的脂肪,之后风干。滴一滴(约50 μL)加热的涂层琼脂糖溶液于干净无尘的载玻片上,再加一片载玻片交叉放在第一块载玻片上,风干,约30 min。预涂层过程也可通过浸泡,用纸擦干载玻片的一面来进行。涂好的载玻片可在无尘条件下保存几周时间。

3.铺胶

将100 μL细胞悬浮液与约1 mL低熔点凝胶溶液混合。取100 μL混合物转移至已预涂层的载玻片上,用移液管尖用力铺开。为使凝胶铺得均匀,避免气泡产生,可采用如下方法:将载玻片置冰上5 min,使琼脂糖凝胶凝固。用解剖刀尖将盖玻片移至一侧,轻轻盖在琼脂糖上。确保凝胶均匀、无气泡。可以使用相同的凝胶液同时制备几块载玻片。

4.裂解细胞

当细胞膜变成可渗透膜时,电泳中DNA片段向细胞外迁移。因此,裂解细胞是应用彗星试验技术的前提。将固定凝胶之后的载玻片完全浸入裂解缓冲液中,室温下,浸泡1.5～2 h。不要碰琼脂糖层(为检测是否完全裂解,可将细胞染色后用显微镜观察:裂解后的细胞其DNA已扩散出细胞)。裂解细胞后,将载玻片浸入电泳缓冲液中5 min。

5.电泳

将载玻片一个挨一个放在水平电泳槽中,避免留有空间,并使其磨砂面正对阴极。加入新配置电泳缓冲液至高出载玻片2～4 mm(不要让载玻片发生漂移)。

室温，2 V/cm(电压/电极间距离)电泳 20 min。小心取出载玻片，在水中浸泡 5 min，无水乙醇脱水 10 min。

6.染色

将载玻片浸入溴化乙锭染液中 3～5 min。浸泡在水中 1～2 min 清洗载玻片。在用荧光显微镜观察前，准备好盖玻片盖在载玻片的湿面上，沾掉多余水分。立即观察，因干燥后会影响细胞观察效果。

7.检测

溴化乙锭染色的片子，荧光显微镜选择 510～590 nm(绿色激发光)的滤波片观察。镜下 DNA 发红光。辐照处理的猪肝细胞图像如图 4-1 所示。

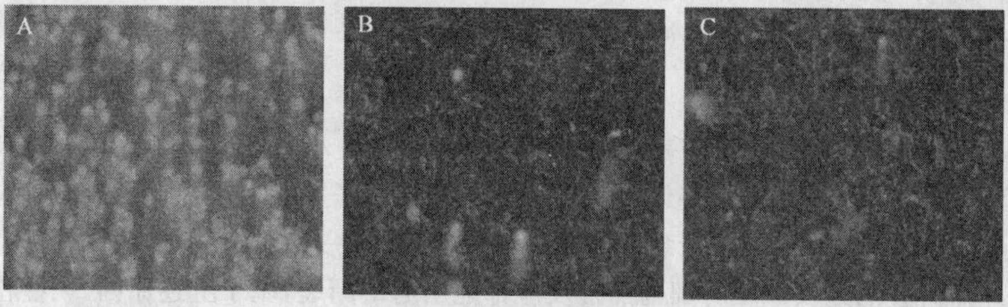

图 4-1 辐照处理的猪肝细胞图像

A：2.5 kGy 处理猪肝 B：5 kGy 处理猪肝 C：10 kGy 处理猪肝

8.分析

在荧光显微镜下选择 515～560 nm 波长的激发光，通过 590 nm 的滤光片，显微镜下可以观察到彗星状细胞荧光像，用系统软件控制 CCD 的摄像头，随机摄取几个视眼下的彗星图像，输入计算机，用分析软件对细胞逐个分析。如测量彗星尾长(彗星头部中心到尾部最远端的距离)，每个剂量组测 100 个细胞，并用相应的软件分析。相应的软件分析 DNA 损伤按彗星尾部 DNA 量占全部 DNA 量的比例分为 5 级。

0 级：＜5%，无损伤

1 级：5%～20%，轻度损伤

2 级：20%～40%，中度损伤

3 级：40%～95%，高度损伤

4 级：＞95%，重度损伤

(三)注意事项

①彗星试验后马上给载玻片打分是做不到的，如果在普通玻璃而不是磨砂玻

璃上准备凝胶,它们就可被风干并无限期保存。干的凝胶比新鲜凝胶容易打分,因为所有的彗星都在同一水平面,不需不停地重调焦距。干的胶板有利于携带,此时是不染色的,在观察时重新使用 PI(液体)进行染色,就可以进行观察。

②彗星试验的数据大多数情况下都不是正态分布的,即使是正态,方差也很难保证齐同。所以对于一切以正态分布和方差齐性为前提的统计方法都要慎用。可在不同水平进行。例如,凝胶可根据不同彗星记录的损伤水平进行分析,也可根据它们的分布方式进行分析。或者,我们可致力于对同一样品重复测定的 CV 值的分析。但当我们分析人类或动物实验中组间差异或处理效应的时候,我们感兴趣的是每一个体的彗星记分的全面意义。

三、应用

在电离辐射作用下,DNA 很易发生断裂,形成较小分子质量的碎片。链断裂过程是由 DNA 碱基自由基以及脱氧核糖上的碳原子和羟基上氢与—OH 反应引起。但是产生的 DNA 链断裂碎片不是辐照专一的,一些其他过程如加热、反复冷冻—熔解样品以及贮藏时间的酶催反应都能引起链断裂,基于上述原因,一些检测 DNA 链断裂的方法只能作为检测辐照食品的预筛选方法。

最简单的检测 DNA 链断裂碎片的方法是过滤法。Flegeau 等人用过滤法研究了冷冻的挪威龙虾肉中 DNA 分子大小的变化。他们用 2 μm 孔径的滤器将 DNA 截留在滤器上,用显微荧光测定法测定截留的 DNA 量,他们发现,用 3 kGy 剂量辐照的龙虾肉保留的 DNA 量为 0.21 μg,比未辐照中的 2.32 μg 少得多。最近此法已得到改进,改进后的方法把原来一步过滤改成二步过滤。第一步用 2 μm 孔径的滤器截留 DNA 碎片,将未断链的 DNA 量与 DNA 总量相比较,求出保留在滤器 1(2 μm)上的 DNA 与保留在滤器 1 和 2(0.2 μm)上的 DNA 之比。实验发现辐照样品的比值为 5.8%±5%,而未辐照样品为 48%±11%,两者有着明显的差异。

Delincee 在单细胞或核微凝胶电泳研究基础上,发展了一种简单、快速的 DNA 彗星检验法。此法以电场存在时 DNA 在琼脂糖凝胶中的迁移为依据,被埋入琼脂糖中的单细胞或核在溶胞后,完整的 DNA 在电泳时不会移动到细胞外面,而 DNA 碎片则能迁移到细胞外,在着色后出现一个肉眼可见的彗星状图像。即使 DNA 碎片不是辐照专一的(如可在储藏形成),但仍能区分辐照和未辐照样品。辐照细胞电泳后形成明显的彗星,且在辐照样品中观察不到完整的或表观完整的细胞,未辐照样品也产生彗星,但能观察到不具彗星的完整细胞,且形成的彗星总是靠近没有彗星的完整细胞。

实验发现，彗星形状随吸收剂量而变化，因此，借助与辐照的参考样品的比较可以估测受照样品的吸收剂量。即使此法有一定的局限性，但它可广泛用作辐照食品检测的预筛选方法。不同实验室对鸡和猪肉样品(0～5 kGy)进行的盲测结果表明：总数 129 个样品，其成功检测达 91.5%。通过与辐照的参考样品组比较发现，估测剂量与实际应用剂量一致率达 87%。胡群等用彗星检测方法检测经 0 kGy、1 kGy、3 kGy、5 kGy 和 7 kGy 辐照的鸡肉细胞平均尾长和尾相分别为 1.02 μm、2.19 μm、2.88 μm、3.53 μm、4.11 μm 以及 0.38 μm、0.75 μm、1.05 μm、1.60 μm 和 2.03 μm(表 4-1)，对数据进行线性回归分析，发现利用尾长所测鸡肉细胞 DNA 损伤与辐射剂量之间存在剂量-反应关系(图 4-2 和图 4-3)。

表 4-1　不同组鸡肉细胞经彗星检测的尾长(MTL)与尾相(MTM)数据(胡群，2006)

组别	0 kGy		1.0 kGy		3.0 kGy		5.0 kGy		7.0 kGy	
	MTL	MTM	MTL	MTM	MTL	MTM	MTL	MTM	MTL	MTM
1	1.34	0.89	2.54	0.93	2.52	0.96	3.81	1.66	4.38	1.87
2	1.02	0.28	2.12	0.56	3.11	1.13	3.39	1.58	4.29	1.95
3	1.18	0.57	2.19	0.65	2.89	1.10	3.68	1.87	4.02	2.21
4	0.83	0.17	2.10	0.81	2.93	1.04	3.65	1.34	4.06	2.38
5	0.90	0.17	1.98	0.70	2.85	1.31	3.72	1.73	3.83	1.64
6	0.87	0.20	2.21	0.85	2.98	0.76	2.93	1.42	4.08	2.13
平均	1.02±0.08	0.38±0.12	2.19±0.09	0.75±0.06	2.88±0.09	1.05±0.09	3.53±0.15	1.60±0.08	4.11±0.09	2.03±0.12

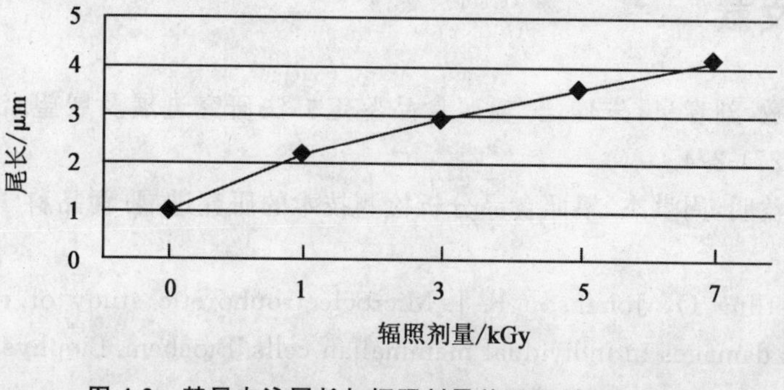

图 4-2　彗星电泳尾长与辐照剂量关系图(胡群，2006)

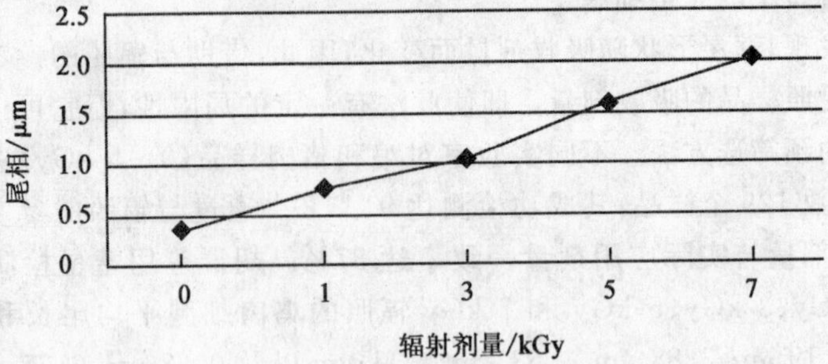

图 4-3 彗星电泳尾相与辐照剂量关系图(胡群,2006)

彗星检测方法在动物细胞检测中应用比较多,植物因具有特殊的细胞壁结构,对其细胞中 DNA 损伤的研究报道有限。直到 Koppen 等首次报道了利用植物为实验材料进行彗星实验。利用植物彗星实验可以进行环境致突变物的检测,是进行环境污染原位监测的好办法之一。蒋磊等在对动物细胞彗星检测方法的基础上,完善了植物材料的单细胞凝胶电泳技术,并利用 T4 核酸内切酶Ⅴ成功实现了 UV-B 诱导植物细胞 DNA 损伤的定量检测。林爱军等以多种植物材料为对象,进行植物彗星实验的比较研究。分别分离了蚕豆、菠菜、洋葱、菜豆、大蒜、水稻等植物组织的细胞核,并以彗星实验技术研究了 H_2O_2 对植物细胞核 DNA 的损伤。

线粒体 DNA 有较小的分子质量(大约含 16 000 个碱基对),比细胞 DNA 稳定。例如,线粒体 DNA 不受循环冷冻、熔解过程影响,另外线粒体壁能保护其中 DNA 在样品储藏期间不受酶降解作用影响。从这些意义上讲线粒体中 DNA 断裂可看作是辐照专一的。

参考文献

[1] 冯敏,刘春泉,朱佳廷. 辐照食品鉴定方法研究进展及展望. 江苏农业科学,2007,6:271-274.

[2] 哈益明,周洪杰. 辐照食品分析检测技术的研究进展. 食品科学,2005,26:260-265.

[3] Ostling O, Johanson K J. Microelectrophoretic study of radiation-induced DNA damages in individual mammalian cells. Biochem. Biophys. Res. Commun.,1984,123:291-8 .

[4] Singh N P, et al. A simple technique for quantitation of low levels of

DNA damage in individual cells. Exp. Cell Res. ,1988,175:184-91 .

[5] Collins A R. The comet assay for DNA damage and repair (Review). Molecular Biotechnology,2004,26:249-261.

[6] Olive P L,Banáth J P. Growth fraction measured using the comet assay. Cell Proliferation,1992,25(5):447-457.

[7] Collins A R,Dobson V L,Dusinska M,Kennedy G,Stetina R. The comet assay:what can it really tell us? Mutat. Res. ,1997,375:183-193.

[8] Olive P L,Wlodek D, Banath J P. DNA double-strand breaks measured in individual cells subjected to gel electrophoresis. Cancer Research, 1991, 51 (17):4671-4676.

[9] Singh N P,McCoy M T,Tice R R, Schneider E L. A simple technique for quantitation of low levels of DNA damage in individual cells. Experimental Cell Research,1988,175(1):184-191.

[10] Helma C,Uhl M. A public domain image analysis program for the single cell electrophoresis (comet)assay. Mutat Res,2000,466:9-15.

[11] Flegeau J. Health impact: Identification and dosimetry of irradiated food. Report of WHO working group,WHO,Neuherberg,FRG,1988:190-206.

[12] Marin-Huachaca N,Delincee H,Mancini-Filho J, Villavicencio A L C H. Use of the DNA Comet Assay to detect beef meat treated by ionizing radiation. Meat Science,2005,71(3):446-450.

[13] Konca K,Lankoff A,Banasik Anna,et al. A cross-platform public domain PC image-analysis program for the comet assay. Mutat Res,2003,534:15-20.

[14] Kostmann D. Information on analytical methods for the detection of irradiated foods standardized. European Committee for Standardisation,2002.

[15] 朱志良,庄志雄,黄钰,等. 单细胞凝胶电泳图像分析系统的研制及应用. 中华劳动卫生职业病杂志,2001,19(4):298-300.

[16] 胡群,郭利平. 应用 DNA 彗星试验技术检测辐照鸡肉的研究. 检验检疫科学,2006,16(3):46-48.

第五章 针对碳氢化合物的气相色谱检测法

一、概述

(一)原理

Nawar 在 1968 年首先阐述了含脂食品辐照后碳氢化合物(HC)的形成机理。脂肪酸或甘油三酯中的酯键羰基部分经电离辐射后,将产生两种典型的辐照产物。一种是羰基的 α 位 C—C 键断裂产生的比母体脂肪酸(C_n)少 1 个碳原子的碳氢化合物(C_{n-1}),另一种是羰基的 β 位 C—C 键断裂产生的比母体脂肪酸(C_n)少 1 个碳原子但多 1 个双键的碳氢化合物($C_{n-2:1}$)。

通过辐照前后碳氢化合物浓度的变化实现对食品的辐照鉴定。

为了检测 HC,样品中的脂肪需通过熔出或者溶剂萃取的方法分离出来。HC 通过层析柱净化,经气相色谱分离后用火焰离子化检测器(FID)或者质谱(MS)检测器检测。

在检测时,为了预测主要的辐照产物,样品中脂肪酸的构成必须是已知的(表 5-1 和表 5-2)。

表 5-1 鸡肉、猪肉和牛肉中主要脂肪酸种类及其辐照衍生的 C_{n-1} 和 $C_{n-2:1}$ HC

脂肪酸	总脂中近似含量/%			辐照衍生碳氢化合物	
	鸡肉	猪肉	牛肉	C_{n-1}	$C_{n-2:1}$
棕榈酸(C 16:0)	21	25	23	15:0	1-14:1
硬脂酸(C 18:0)	6	11	10	17:0	1-16:1
油酸(C 18:1)	32	35	43	8-17:1	1,7-16:2
亚油酸(C 18:2)	25	10	2	6,9-17:2	1,7,10-16:3

表 5-2 卡门贝乳酪、新鲜鳄梨、木瓜、杧果中主要脂肪酸种类及其辐照衍生的 C_{n-1} 和 $C_{n-2:1}$ HC

脂肪酸	总脂中近似含量/%				辐照衍生碳氢化合物	
	卡门贝乳酪	鳄梨	木瓜	杧果	C_{n-1}	$C_{n-2:1}$
肉豆蔻酸(C 14:0)	10～15	—	—	—	13:0	1～12:1
棕榈酸(C 16:0)	30～40	10～15	15～20	5～10	15:0	1～14:1
硬脂酸(C 18:0)	10～15	—	2～6	30～45	17:0	1～16:1
油酸(C 18:1)	20～25	55～65	60～80	40～50	8-17:1	1,7-16:2
亚油酸(C 18:2)	—	10～15	2～6	5～10	6,9-17:2	1,7,10-16:3

(二)国内外应用现状

欧盟已经制定了具体的检测含脂类辐照食品的鉴别方法标准 EN 1784—2003,即用气相色谱检测碳氢化合物的方法。该标准由 CEN/TC 275 技术委员会编制,德国标准化学会(DIN)负责解释。此欧洲标准全文作为国家标准于 2004 年 2 月起生效。

根据 CEN/CENELEC 规则,以下国家标准委员会必须执行此欧洲标准:奥地利、比利时、捷克、丹麦、芬兰、法国、德国、希腊、匈牙利、冰岛、爱尔兰、意大利、卢森堡、马耳他、荷兰、挪威、葡萄牙、斯洛伐克、西班牙、瑞典、瑞士和英国。

我国用检测含脂辐照食品的碳氢化合物进行鉴别的技术还不是很多,缺乏相应的技术支撑,还没有形成标准方法。目前国内发表的含脂辐照食品针对检测碳氢化合物的论文有关于辐照牛肉、辐照猪肉、辐照花生仁和辐照葵花籽等的。

目前应用于检测含脂辐照食品碳氢化合物的主要检测器为 FID 和质谱检测器两种,前处理方式主要是粗提脂肪后用弗罗里柱层析,再检测,而其他前处理方式在一些论文中有所讨论,比如顶空固相微萃取(HS-SPME)。即准确称取 0.5 g 粉碎含脂食品于顶空瓶中。采用 75 μm 的聚二甲硅烷-二乙烯(PDMS-DVB)纤维萃取头。首先将萃取头以 250℃活化 10 min,然后插入到顶空瓶中进行萃取,温度为 90℃,时间为 60 min。萃取完毕后,将纤维萃取头插入 GC-MS 进样口进行解析。但这种前处理方法对碳氢化合物的提取率较传统脂肪提取 SPE 净化的提取率偏低,重复性也相对差,但定性成功。HS-SPME-GC-MS 技术能对葵花籽、花生仁进行准确的辐照鉴定,但在含脂食品的广泛应用中受到限制,如不适合于含有复杂挥发性成分的食品组分分析。此外,要达到对碳氢化合物精确分析的效果,还需对影响检测的某些因素进行深入研究,比如样品的预处理(粉碎粒径、预热温度和时间)、固相微萃取时间和固相微萃取温度等。

(三)样品适用范围

本方法适用于含脂肪的食品。适用样品范围包括肉类如鸡肉、猪肉、牛肉及其制品,乳酪,含脂肪的水果如鳄梨、木瓜、杧果,以及油料作物如葵花籽、花生仁等。

(四)方法特点

本方法检测限不受常规商品储存时间的影响。

本方法只能检测含脂肪的辐照食品,不适用于其他类别。

一般来说,食品中的饱和 HC 可能是污染物,也可能是天然化合物。因此,样品中饱和 HC 的存在只能与其他预测的不饱和 HC 的存在相结合,才能鉴别辐照样品。因此本方法对于未知脂肪酸构成的样品不适用。

本方法适用于对约 0.5 kGy 及以上剂量辐照的生肉和卡门贝乳酪的检测。大多数商品食品的辐照剂量在这一范围内。

本方法还适用于对约 0.3 kGy 及以上剂量辐照的新鲜鳄梨、木瓜以及杧果的检测。

对于脂肪酸含量低的脂肪，经衍生后得到的 HC 的含量也低，在低剂量辐照范围内有可能低于检测限。尤其对于水果来说，其实际应用的剂量范围可能低于实验室测试的剂量范围。

样品中的脂肪先要进行提取，然后净化，操作较为烦琐，检测时间长，溶剂消耗量大，不能满足目前快速测定的需求。

脂肪提取后过弗罗里柱净化过程中会有损失而使样品回收率不佳，若不添加内标，定量结果差。但内标的使用使回收率和重复性都获得较好的结果。

二、方法

(一)试剂

①无水硫酸钠。

②弗罗里硅土：150～250 μm(60～100 目)，加水去活。

③正己烷。

④HC 标准溶液，浓度为 1～4 μg/mL，以正戊烷、正己烷或异辛烷为溶剂制备。

1-十二烯(可选)	1-12:1
正十三烷(可选)	13:0
1-十四烯	1-14:1
正十五烷	15:0
正十六烷(可选)	16:0
1-十六烯	1-16:1
1,7-十六烷二烯	1,7-16:2
正十七烷	17:0
8-十七烯	8-17:1
正十八烷(可选)	18:0
1-十八烯(可选)	1-18:1

如果可获得

1,7,10-十六烷三烯　　1,7,10-16:3

6,9-十七烷二烯　　6,9-17:2

⑤正二十烷溶液:内标,溶于正己烷,浓度1～4 μg/mL。

(二)仪器

①均质机。

②离心机。

③水浴。

④玻璃层析柱,玻璃材质,200～300 mm长,内径20 mm,带玻璃头,聚四氟乙烯活塞,磨口玻璃接头。

⑤旋转蒸发仪。

⑥气相色谱(GC),配置火焰离子化检测器(FID)或者质谱(MS)检测器。

(三)步骤(EN 1784—2003)

1.脂肪的提取

(1)肉类样品

先粗糙切碎样品(鸡肉、猪肉或者牛肉),混匀样品。然后可使用下面的任何一种方法提取。

①热熔提取。适合于脂肪含量高的样品(如鸡肉、猪肉等),将样品均质后,取适量(最多取50 g,视样品中脂肪含量而定)置于玻璃离心管内,50℃水浴中加热。该过程中可加入少量水(2～5 mL)以促进相分离。加热时,用玻棒不时地搅拌至油相完全呈溶液状态。将加热后的均质混合物于900g转速下离心10 min,然后用吸管吸取上层油相,注意不要搅动下层水相(否则需重新离心)。如果提取得到的脂肪量过少,则用玻棒搅动固相(肉),重复上述加热和离心过程。

②正戊烷/2-丙醇提取。取碎肉(最多取100 g,视样品中脂肪含量而定),加入等量的正戊烷/2-丙醇(3+2,体积比)混合溶剂,均质。将均质混合物转移入玻璃离心管中,900g离心10 min。合并上层澄清油相,如有必要,可用上述溶剂用量的1/3再次提取。用旋转蒸发仪在45℃以下将合并后的油相浓缩至几个毫升。然后加入20 mL正戊烷,并加入无水硫酸钠干燥至少1 h,干燥过程中需不时振荡。过滤除去无水硫酸钠,45℃以下用旋转蒸发仪将溶剂彻底旋干。

③索氏提取。称取10 g无水硫酸钠置于提取套管中。将混匀的、经过均质的肉类样品和另外10 g无水硫酸钠混合均匀后一并加入到提取套管中。对于水分

含量高的样品，无水硫酸钠的用量可视情况增加，以确保吸附样品中所有的水。对于低脂肪含量的食品，需增加测试样品的用量，无水硫酸钠用量也相应增加。将 100 mL 溶剂（正己烷或正戊烷）倒入烧瓶中，另加此溶剂 40 mL 于索氏提取器中，缓慢回流 6 h。当索氏提取器中几乎充满溶剂时停止加热。弃去索氏提取器中的套管及溶剂。将烧瓶中的脂肪提取物转移至带塞刻度量筒中，用溶剂定容至一定体积。加入 5～10 g 无水硫酸钠，加塞后轻轻混匀，然后放置直至无水硫酸钠沉淀。

④用正己烷提取。将 20 g 均质样品和 20 g 无水硫酸钠混匀。对于水分含量高的样品，无水硫酸钠的用量应增加以确保吸附样品中所有的水。对于低脂肪含量的食品，需增加测试样品的用量，无水硫酸钠用量也应相应增加。将混合物转移至烧瓶中，加入 100 mL 正己烷，回流 60 min。加入 5 g 无水硫酸钠，轻轻混匀，15 min 后用去除杂质后的滤纸过滤溶液。用另外 25 mL 正己烷洗涤烧瓶和无水硫酸钠。合并滤液，用旋转蒸发仪浓缩溶液至 100 mL 以下。将溶液转移至带塞刻度量筒中，加入正己烷至一定刻度（50～100 mL）。加入大约 5～10 g 无水硫酸钠，加塞后轻轻混匀，然后在室温下放置过夜。

(2)乳酪或水果样品中脂肪的提取

均质样品（木瓜、杧果取种子），加入无水硫酸钠和正己烷，离心，上清液旋蒸浓缩。

2.添加内标

将约 1 g 脂肪用 1 mL 正二十烷溶液溶解。

3.弗罗里硅土层析净化

将大约 20 g 去活的弗罗里硅土装入层析柱中，用该层析柱分离 HC。

将加入内标的脂肪溶液定量过层析柱，用 60 mL 正己烷将 HC 洗脱，控制流速不超过 3 mL/min。鸡心瓶接得的洗脱液用旋转蒸发仪浓缩至 3 mL，水浴温度为 40℃。将浓缩的洗脱液转移入刻度试管。N_2 吹至约 1 mL，转移入 GC 进样瓶中。

4.分离和检测

选用合适的毛细管柱，用 GC 气相色谱分离碳氢化合物。建议采用“不分流”进样。HC 可用 FID 或者 MS 检测。用 FID 检测时若有不能明确鉴别的辐照衍生 HC，则有必要进行质谱确证。碳氢化合物电子轰击电离（EI）质谱检测的特征质量数见表 5-3，典型碳氢化合物电子轰击电离（EI）质谱图见图 5-1 至图 5-4。

表 5-3　碳氢化合物电子轰击电离(EI)质谱检测的特征质量数

碳氢化合物		产生碎片	M+
烷烃	13:0	57-71-85-99-113-127	184
	15:0		212
	17:0		240
	20:0		282
烯烃	1-12:1	55-69-83-97-111-125	168
	1-14:1		196
	8-17:1		238
烷二烯	1,7-16:2	67-55-81-82-95-96-109-110-123	222
	6,9-17:2		236
烷三烯	1,7,10-16:3	67-55-81-82-95-96-109-110-121	220

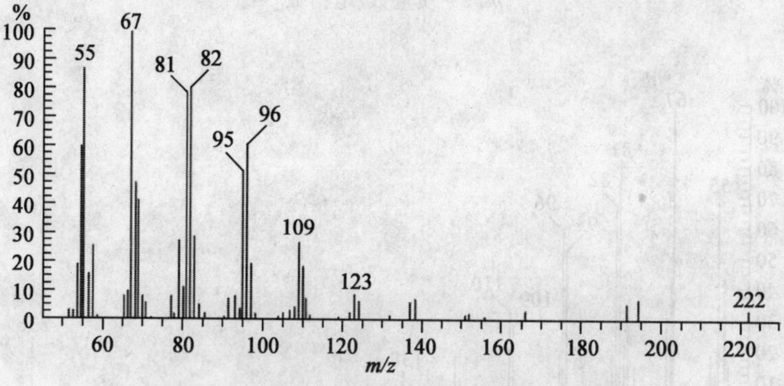

图 5-1　1,7-16:2 碳氢化合物的典型质谱图

m/z=质量数/电荷数

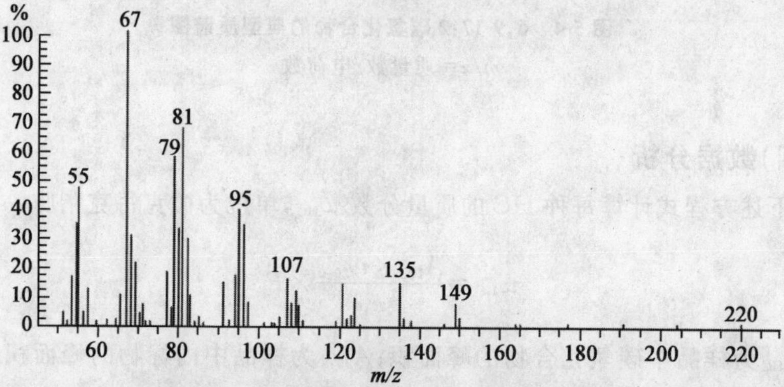

图 5-2　1,7,10-16:3 碳氢化合物的典型质谱图

m/z=质量数/电荷数

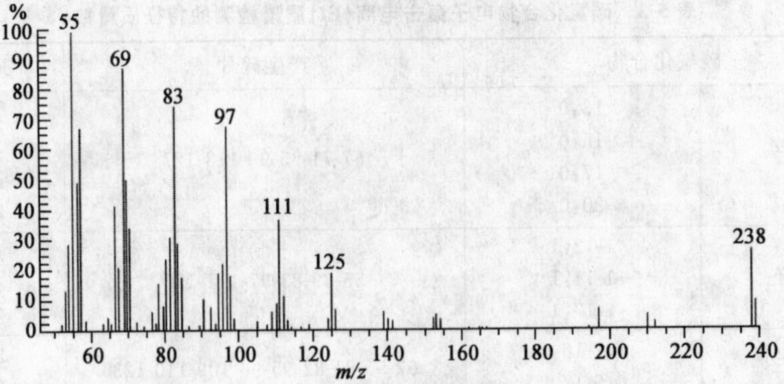

图 5-3 8-17:1 碳氢化合物的典型质谱图

m/z=质量数/电荷数

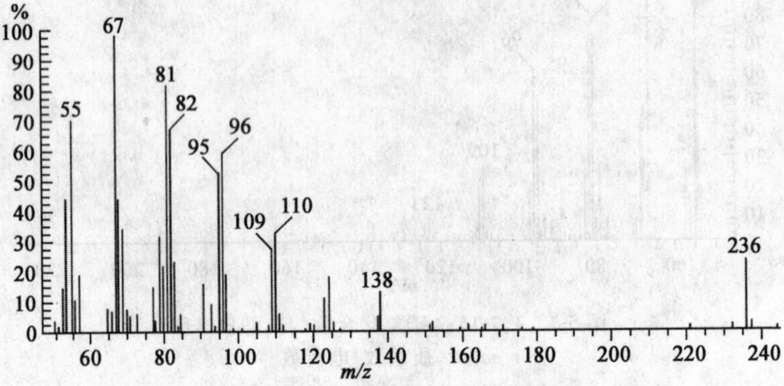

图 5-4 6,9-17:2 碳氢化合物的典型质谱图

m/z=质量数/电荷数

(四)数据分析

用下述方程式计算每种 HC 的质量分数 w_{HC},单位为微克每克脂肪(μg/g):

$$w_{HC}=\frac{A_{HC}\times w_{20:0}}{A_{20:0}}\times F_{i}$$

式中:A_{HC} 为样品中碳氢化合物的峰面积;$A_{20:0}$ 为样品中内标物的峰面积;$w_{20:0}$ 为样品中内标物的质量分数,单位为微克每克脂肪;F_i 为各 HC 相对于内标物的响应因子。

判定是指预测的 C_{n-1} 和 $C_{n-2:1}$ HC 相对空白被明显检出(一般指信噪比大于3∶1)。根据主要的不饱和脂肪酸衍生得到的 $C_{n-1}/C_{n-2:1}$ 的量可计算各种食品中其他脂肪酸衍生的预测 C_{n-1} 和 $C_{n-2:1}$ HC 的量,这些脂肪酸必须是已知的。如果所有预测 $C_{n-1}/C_{n-2:1}$ HC 的检出量均按预测的比例明显高于检出限,则可判定为辐照样品。

(五)注意事项

每组样品均须制备一个试剂空白。

饱和 HC 是检测过程中的主要杂质,常常在弗罗里硅土、溶剂、滤纸以及萃取套管(用于索氏提取)中出现,一般可采用溶剂洗涤滤纸、纤维素萃取套管直至无杂质检出的方式去除杂质。试剂空白溶液需要先浓缩再检测。分析中不能使用塑料用具,只能使用经彻底清洗的玻璃器皿。

(六)假阳性与假阴性情况

由欧盟理事会社会认证局(BCR)组织的实验室之间的验证中,4 个实验室分别定量检测了 15 个经约 5 kGy 辐照剂量辐照后 2 周或者 6～8 周的辐照鸡肉样品和 3 个非辐照样品中的 HC。所有辐照样品中均有辐照衍生的 HC 检出。

由社会认证局(BCR)组织的第二次实验室之间的验证中,8 个实验室检测了 15 个编号的鸡肉样品,这些样品包括非辐照样品和辐照样品,辐照样品的辐照剂量分别为 0.5 kGy、3 kGy 或 5 kGy,辐照 1 个月或 6 个月后进行检测,结果见表 5-4。

表 5-4　实验室数据 1

辐照后时间	样品数量	假阴性数[a]	假阳性数[b]
1 个月	119	7	2
6 个月	120	8	0

a)假阴性指辐照样品被鉴别为未辐照样品。假阴性均出自 0.5 kGy 剂量辐照的样品。

b)假阳性指未辐照样品被鉴别为辐照样品。假阳性来源于数据的误解析。

由德国联邦卫生局(Bundesgesundheitsamt,BGA)组织的实验室之间的验证中,17 个实验室检测了编号的鸡肉类、猪肉类和牛肉类样品,包括非辐照样品和辐照样品,辐照样品的辐照剂量分别为 0.8 kGy、2.8 kGy 或 7 kGy(平均剂量),辐照 3 个月或 6 个月后进行检测,结果见表 5-5。

表 5-5 实验室数据 2

样品种类	辐照后时间	样品数量	假阴性数[a]	假阳性数[b]
鸡肉	3 个月	160	0	0
鸡肉	6 个月	126	1	0
猪肉	3 个月	153	1	3
猪肉	6 个月	140	1	4
牛肉	3 个月	149	2	2
牛肉	6 个月	136	1	0

a)假阴性均出自经 0.6～0.8 kGy 剂量辐照的样品(只有一个经约 2.8 kGy 剂量辐照的样品除外)。

b)假阳性来源于杂质,样品混淆或数据的误解析。

由 BGA/BgVV(德国卫生局/德国消费者健康研究所)组织的第二次实验室之间的验证中,22 个实验室检测了编号的卡门贝乳酪、鳄梨、木瓜以及杧果样品,包括非辐照样品和辐照样品,卡门贝乳酪辐照样品的辐照剂量约为 0.5 kGy 或 1 kGy (平均剂量),鳄梨、木瓜以及杧果辐照样品的辐照剂量分别约为 0.3 kGy、0.5 kGy 或 1 kGy。结果见表 5-6。

表 5-6 实验室数据 3

样品种类	样品数量	假阴性数[a]	假阳性数[b]
卡门贝乳酪	126	1	0
鳄梨	103	1	0
木瓜	104	0	0
杧果	98	5	1

a)7 个假阴性样品中,4 个来自同一实验室。另 3 个分别来自 3 个不同的实验室,均为辐照剂量为 0.3 kGy 的杧果样品。

b)假阳性源于与辐照剂量为 1 kGy 样品的混淆。

三、应用

(一)辐照肉类的检测

1.脂肪的提取

初步剁碎肉样品,并用搅拌机均质。

取 20 g 肉样品置于玻璃离心管内,50℃水浴中加热。该过程中可加入少量水(2～5 mL)以促进相分离。加热时,用玻棒不时地搅拌至油相完全呈溶液状态。

将加热后的均质混合物于 900g 转速下离心 10 min，然后用吸管吸取上层油相，注意不要搅动下层水相（否则需重新离心）。如果提取得到的脂肪量过少，则用玻棒搅动固相（肉），重复上述加热和离心过程。

2. 净化

（1）添加内标

将 1 g 脂肪用 1 mL 正二十烷溶液溶解。

（2）弗罗里硅土层析

将大约 20 g 去活的弗罗里硅土装入层析柱中，用该层析柱分离 HC。

将加入内标的脂肪溶液定量过层析柱，用 60 mL 正己烷将 HC 洗脱，控制流速不超过 3 mL/min。

鸡心瓶接得的洗脱液用旋转蒸发仪浓缩至 3 mL，水浴温度为 40℃。将浓缩的洗脱液转移入刻度试管，N_2 吹至约 1 mL，转移入 GC 样品瓶中。

3. 检测

采用“不分流”进样，用 FID 或者 MS 检测。

（1）MS 检测

色谱柱：	Hewlett-packard® Ultra 2 柱分离，12 m×0.22 mm，固定相厚度为 0.33 μm（5% 二苯基-95%二甲基聚硅烷）
进样温度：	200℃
传输线温度：	270℃
起始柱温：	50℃恒温 1 min
第一级程序升温：	10℃/min 至 130℃
第二级程序升温：	5℃/min 至 200℃
进样体积：	1 μL
进样模式：	不分流
载气：	氦气
MSD 模式：	50～300 u（原子质量单位）全扫描

（2）FID 检测

条件如下：

色谱柱：	Hewlett-packard® SE 54 柱，25 m×0.32 mm，固定相厚度为 0.25 μm（5%二苯基，95%二甲基聚硅烷）
进样温度：	230℃
起始柱温：	40℃恒温 2 min
第一级程序升温：	10℃/min 至 70℃

第二级程序升温： 2.5℃/min 至 170℃

第三级程序升温： 10℃/min 至 280℃

最终温度： 保持 5 min

进样体积： 1 μL

进样模式： 不分流

载气： 氢气

检测器温度： 280℃

4.结果与分析

由图 5-5、图 5-6 可见，应用气相色谱法，FID 或 MS 检测，经辐照处理的鸡肉、猪肉、牛肉中均能检出表 5-1 所列的预测的碳氢化合物。以上述成对的衍生物的检出指示样品是否经过辐照是可行的。

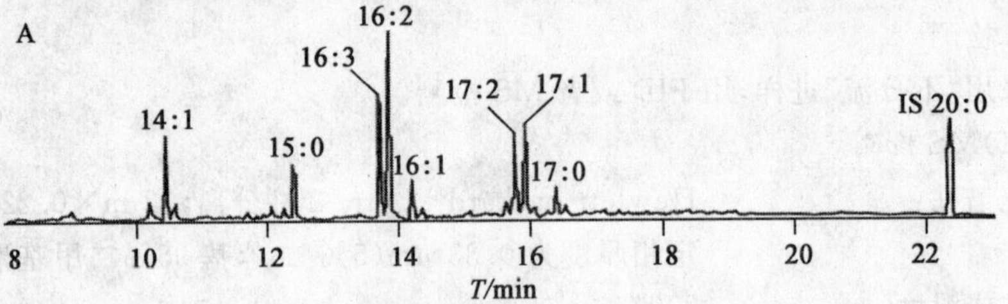

图 5-5 约 3 kGy 剂量辐照的肉样中碳氢化合物的气相色谱质谱图

A:鸡肉 B:猪肉 C:牛肉

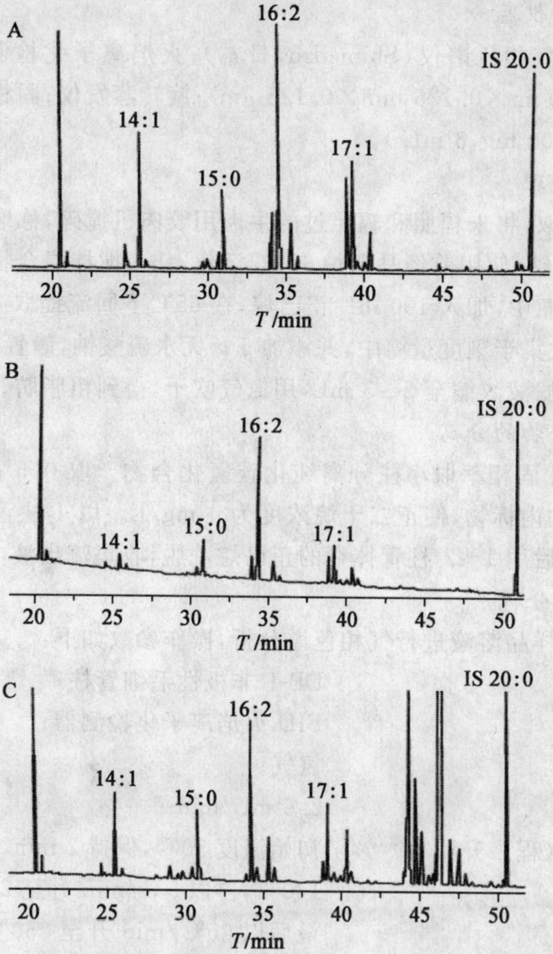

图 5-6　约 6.8 kGy 剂量辐照的肉类样品中碳氢化合物的 FID 检测气相色谱图

A:鸡肉　B:猪肉　C:牛肉

(二)辐照牛肉的检测

1.材料和方法

(1)材料与试剂

新鲜冷却牛肉;碳氢化合物标准品:1-十四烯(1-C14:1),十五烷(C15:0),1-十六烯(1-C16:1),十七烷(C17:0),1,7-十六二烯(1,7-C16:2),8-十七烯(8-C17:1);内标物:正二十烷(C20:0)。

(2)主要试验仪器

GC22010 型气相色谱仪(Shimadzu,日本);火焰离子化检测器(FID);DB21 石英毛细管柱(30 m ×0.125 mm×0.125 μm);旋转蒸发仪;固相萃取装置;Florisil 固相萃取柱(500 mg,3 mL)。

(3)样品前处理

粗脂肪的提取:将未辐照和辐照过的牛肉用绞肉机搅碎,称取 20 g 牛肉糜,加入 15 g 无水硫酸钠(使用前经马弗炉 650℃活化 4 h),搅拌混合物使样品脱水。将样品置于圆底烧瓶中,加入 100 mL 正己烷,在 65℃下回流提取 1 h。冷却 15 min 后过滤,将滤液收集于刻度量筒中,并添加 5 g 无水硫酸钠,静置过夜。再次过滤,用旋转蒸发仪将滤液浓缩至 2～3 mL,用氮气吹干,得到粗脂肪。

(4)碳氢化合物的分离

采用 Florisil 固相萃取小柱分离纯化碳氢化合物。取 0.5 g 脂肪溶于 1 mL 正己烷中,并添加内标物,使正二十烷浓度为 4 mg/L。以 1 柱管体积的正己烷活化柱子,上样,然后用 1～2 柱管体积的正己烷洗脱,收集流出液,定容至 10 m L。

(5)GC-FID 分析

对处理好的样品溶液进行气相色谱分析,操作参数如下:

色谱柱:	DB-1 非极性毛细管柱;
检测器:	FID 火焰离子化检测器;
载气:	氮气;
流速:	2.6 mL/min;
色谱柱温度(程序升温):	初始温度 50℃,保持 2 min,以 10℃/min 升至 130℃,再以 5℃/min 升至 200℃,保留 2 min,最后以 25℃/min 升至 250℃,保留 5 min;
进样口温度:	200℃;
检测温度:	250℃;
进样量:	2 μL;
进样方式:	无分流进样。

(6)内标定量方法

以色谱纯正己烷为溶剂,分别配制浓度为 1 mg/L、2 mg/L、3 mg/L、4 mg/L 和 5 mg/L 的各碳氢化合物混标溶液,并添加 4 mg/L 的内标物正二十烷。对不同浓度的混标溶液进行气相色谱分析,操作参数同上,进样量为 1 μL。

2.结果与分析

牛肉中的三种主要脂肪酸,即棕榈酸(C16:0)、硬脂酸(C18:0)和油酸(C18:1)

分别辐解产生 1-C14:1、C15:0、1-C16:1、C17:0、1,7-C16:2、8-C17:1 等 6 种碳氢化合物(图 5-7)。研究结果表明,碳氢化合物并非是辐解产生的特异性化合物。在未辐照的牛肉中,存在 C15:0 和低浓度的 C17:0,浓度分别为 0.34 μg/g 脂肪和 0.06 μg/g 脂肪,其余 4 种不饱和烯烃化合物没有检测出来(图 5-8)。1 kGy 及大于 1 kGy 剂量照射下的牛肉,全部检测到 6 种碳氢化合物,其中 C15:0、1-C16:1、C17:0、1,7-C16:2 和 8-C17:1 相对含量较高,10 kGy 时分别达到 3.07 μg/g 脂肪、1.41 μg/g 脂肪、1.62 μg/g 脂肪、3.33 μg/g 脂肪和 1.16 μg/g 脂肪。辐解产生的 C14:1 含量较低,10 kGy 剂量下仅为 0.39 μg/g 脂肪。1,7-C16:2 和 8-C17:1 的整体浓度相对较高,可能是因为牛肉脂肪酸中油酸(C18:1)含量较高,平均含量为 43%。由于 1-C14:1 的检出浓度很低,因此不适合作为检测辐照牛肉的碳氢化合物标志物。尽管辐解产生的 C15:0 浓度较高,但在未辐照的牛肉中 C15:0 的检出浓度就达到 0.34 μg/g 脂肪,因此也不适合作为检测辐照牛肉的标志物。而牛肉辐照前后 C17:0 的相对含量变化大,可作为检测辐照牛肉的标志物。1-C16:1、1,7-C16:2 及 8-C17:1 这 3 种不饱和烯烃均适合作为碳氢化合物标志物,其中辐解产生的 1,7-C16:2 对辐照最为敏感,检出浓度也最大,因此 C16:2 最适合作为检测辐照牛肉的标志物。

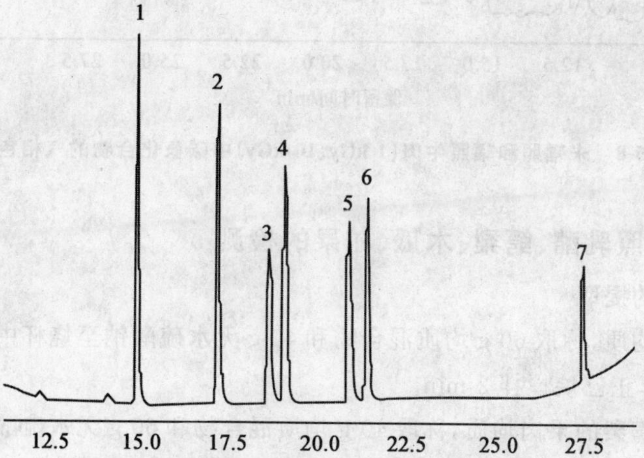

图 5-7　碳氢化合物混标溶液气相色谱图

1:1-C14:1　2:C15:0　3:1,7-C16:2　4:1-C16:1;

5:8-C17:1　6:C17:0　7:C20:0

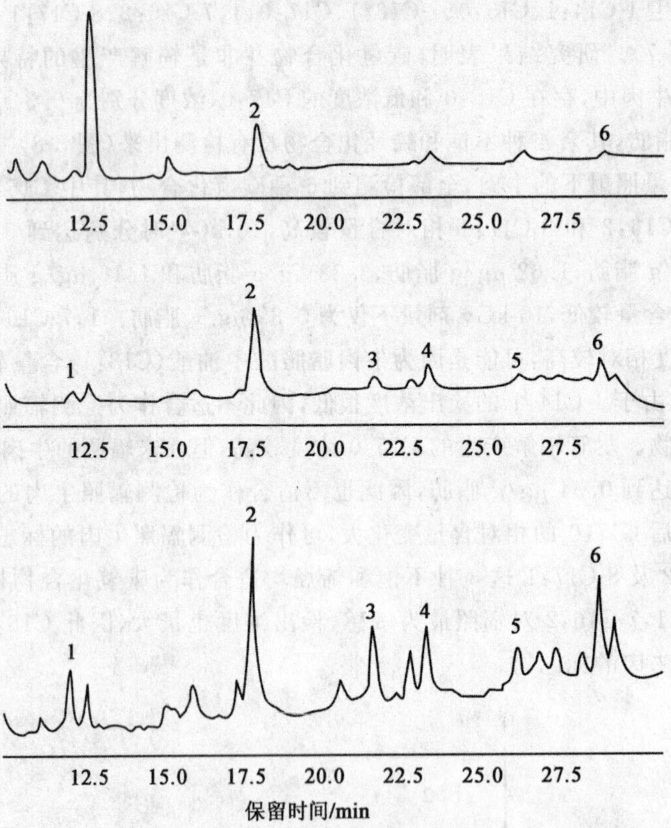

图 5-8 未辐照和辐照牛肉(1 kGy、10 kGy)中碳氢化合物的气相色谱图

(三)辐照乳酪、鳄梨、木瓜、杧果的检测

1.脂肪的提取

将乳酪均质,称取 60 g 均质混合物和 40 g 无水硫酸钠至烧杯中。充分混匀后加入 100 mL 正己烷搅拌 2 min。

将一个鳄梨的果肉均质,称取 40 g 均质混合物和 60 g 无水硫酸钠。充分混匀后加入 100 mL 正己烷搅拌 2 min。对于未成熟的鳄梨,取整个水果的所有果肉并按比例增加无水硫酸钠和正己烷的用量。

将木瓜、杧果取种子并尽量去除果肉。将所有种子与无水硫酸钠按 1∶1(质量分数)比例混合,均质。将此均质混合物放入烧杯中,加入 100 mL 正己烷,搅拌 2 min。

转移正己烷与样品的混合物至离心管中。900g 离心 5 min，以倾析法将提取溶液小心转移入圆底烧瓶中。对剩余物用 50 mL 正己烷再次提取，提取液合并于上述圆底烧瓶中，用旋转蒸发仪于 45℃，将提取溶液浓缩至 2～3 mL，转移浓缩后的提取液至已称重的可封口试管内。N_2 流中干燥样品至恒重。

2. 净化

将约 1 g 脂肪用 1 mL 正二十烷溶液溶解。将大约 20 g 去活的弗罗里硅土装入层析柱中，用该层析柱分离 HC。将加入内标的脂肪溶液定量过层析柱，用 60 mL 正己烷将 HC 洗脱，控制流速不超过 3 mL/min。

鸡心瓶接得的洗脱液用旋转蒸发仪浓缩至 3 mL，水浴温度为 40℃。将浓缩的洗脱液转移入刻度试管。N_2 吹至约 1 mL，转移入 GC 瓶中。

3. 测定

条件如下：

色谱柱：	Hewlett-packard® Ultra 2 柱，25 m×0.2 mm，固定相厚度为0.33 μm(5% 二苯基，95%二甲基聚硅烷)
进样温度：	200℃
传输线温度：	270℃
起始柱温：	55℃恒温 2 min
第一级程序升温：	12℃/min 至 155℃
第二级程序升温：	5℃/min 至 230℃
进样体积：	1 μL
进样模式：	不分流
载气：	氦气
MSD 模式：	50～300 u 全扫描

4. 结果与分析

由图 5-9、图 5-10 可见，应用气相色谱法，FID 或 MS 检测，经辐照处理的卡门贝乳酪、鳄梨、木瓜和杧果中均能检出表 5-2 所列的预测的碳氢化合物。由于不含肉豆蔻醛（C14:0），鳄梨、木瓜和杧果辐照后产生的碳氢化合物与乳酪不同，不含 1～12:1 和 13:0。而且以上述成对的衍生物的检出指示样品是否经过辐照是可行的。

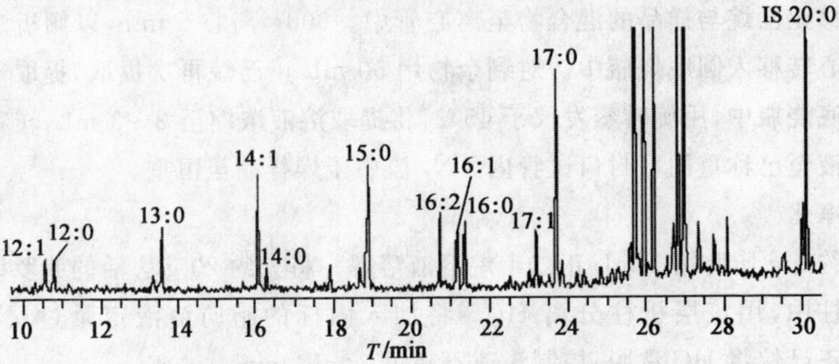

图 5-9　约 1 kGy 剂量辐照的 Camembert(卡门贝乳酪)
样品中碳氢化合物的典型气相色谱质谱图

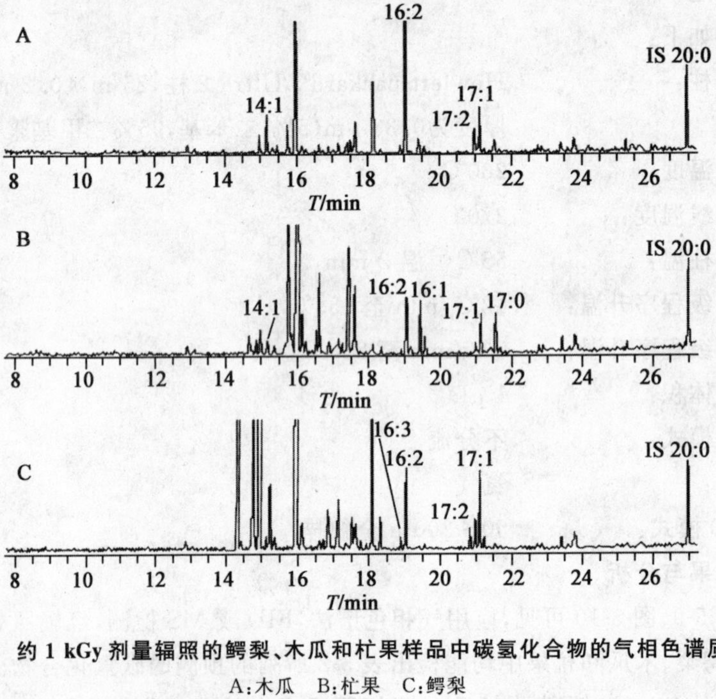

图 5-10　约 1 kGy 剂量辐照的鳄梨、木瓜和杧果样品中碳氢化合物的气相色谱质谱图
A:木瓜　B:杧果　C:鳄梨

(四)辐照花生仁的检测

1.脂肪的提取

称取 10 g 粉碎后的花生仁粉末,加入 5 g 无水硫酸钠(马弗炉中 650℃活化 4 h),搅匀。再加入 100 mL 正己烷,剧烈搅拌 2 min。将混合物转入 100 mL 离心

管中，在 900g 压力下离心 5 min。将上清液移入烧瓶中，25 kPa、45℃下旋转蒸发除去溶剂，将浓缩液移入刻度试管中，氮吹至恒重。

2. 净化

称取 20 g 去活化的弗罗里硅土（马弗炉中 550℃下活化 5 h，加入 3% 的超纯水去活化）填充层析柱，加入正己烷预淋洗。准确称取 1 g 粗脂肪，加入 1 mL 10 mg/kg 的 C20:0 内标液。上样后，用 60 mL 正己烷以 3 mL/min 的速率淋洗，收集淋洗液。25 kPa、45℃下旋转蒸发除去正己烷，使浓缩至 1 mL 以内。将浓缩后的溶液转移至 1 mL 容量瓶中，定容。

3. GC-FID 操作参数

色谱柱：　DB-5 石英毛细管柱（30 m×0.25 mm×0.25 m）；
检测器：　氢火焰离子化检测器；
载气：　氮气；
色谱柱温度（程序升温）：　初始温度 50℃，保持 2 min，以 10℃/min 升至 130℃，再以 5℃/min 升至 200℃，保留 2 min，最后以 25℃/min 升至 250℃，保留 5 min；
进样口温度：　200℃；
检测温度：　250℃；
进样量：　1 μL；
进样方式：　无分流进样。

4. 结果

以未辐照花生仁为对照样品，向其中添加碳氢化合物标准品，按两种方法分别进行加标回收率实验，得到的各碳氢化合物加标回收率控制在 80%～120%之间，相对标准偏差均在 10%以下。生花生仁含油量大约为 45%。花生油的主要成分为棕榈酸、硬脂酸、油酸和亚油酸，占花生油的比例为 93.29%。因此对应的 8 种碳氢化合物是花生仁辐照后主要的辐解产物。

未辐照花生仁中检出饱和碳氢化合物 C15:0 和 C17:0。此外，还检出极低含量的不饱和碳氢化合物 1-C14:1 和 1-C16:1。花生仁中可能天然存在这 4 种碳氢化合物。棕榈酸和硬脂酸分别是含有 16 个碳原子和 18 碳原子的饱和脂肪酸，经电离辐射后，分解产生 1-C14:1 与 C15:0。辐照后的花生仁中 1-C14:1 与 C15:0 浓度均有增加。0.1 kGy 辐照的样品中，两种碳氢化合物的浓度增加不明显，但不低于 0.5 kGy 剂量辐照样品中的，两种碳氢化合物浓度与未辐照样品相比有明显增加。辐照后的样品中 1-C16:1 和 C17:0 浓度较辐照处理前均有显著变化，含量的增加主要由硬脂酸辐解引起。

未辐照花生仁和低剂量(0.1 kGy)辐照花生仁中未检出1,7-C16:2和8-C17:1。但0.5 kGy及以上剂量辐照的样品中,这两种碳氢化合物特别是1,7-C16:2的浓度显著增加。由于花生油中含有高达42.42%的油酸,因此经电离辐射后,产生大量的辐解产物1,7-C16:2。Park等的研究也证实,1,7-C16:2不是花生仁的天然成分,而在不低于0.5 kGy剂量辐照后的花生中大量检出。因此,1,7-C16:2是鉴定花生仁是否被辐照的最佳标志物。

四、小结

针对碳氢化合物的气相色谱检测法是检测含脂辐照食品的欧洲标准方法。含脂食品辐照后脂肪酸发生变化,形成典型的碳氢化合物,通过辐照前后碳氢化合物浓度的变化实现辐照鉴定。本方法要求样品必须含一定量的脂肪,且脂肪酸的构成必须是已知的。满足以上条件,该方法能够准确判断含脂食品是否经过辐照。

参考文献

[1] Dubravcic M F, Nawar W W. Radiolysis of lipids: mode of cleavage in simple triglycerides[J]. Journal of the American Oil Chemists's Society, 1968, 45:656-660.

[2] 李安,哈益明,王锋.气相色谱法检测辐照牛肉中的碳氢化合物[J].核农学报,2009,23(4):652-655.

[3] EN 1784—2003. GC analysis of hydrocarbons[S]. 2003,8.

[4] Miyahar A M, Smto A, Kamimura T, et a1. Detection of hydrocarbons in irradiated foods Ⅱ. Journal of Health Science, 2003, 49(3):179-188.

[5] 李安,哈益明,李庆鹏,王锋.两种气相色谱法测定辐照花生仁中挥发性碳氢化合物的研究[J].分析测试学报,2010,29(7):652-657.

[6] Nawar W W, Zhu Z R, Yoo Y J. Radiolytic products of lipids as marker for the detection of irradiated meat[C]//Johnston D E, Stevenson M H. Food Irradiation and the Chemist. The Royal Society of Chemistry, Cambridge, UK, 1990, 13-24.

[7] Spiegelberg A, Schulzki G, Helle N, Bögl K W, Schreiber G A. Methods for routine control of irradiated food: optimization of a method for detection of radiation-induced hydrocarbons and its application to various foods[J]. Radiat. Phys. Chem., 1994, 43, 433-444.

第六章　GC/MS 法检测含脂辐照食品

一、概述

(一)原理

2001 年,CAC 第 24 届会议上批准了国际标准“辐照食品鉴定方法”,其中就包括对于含有脂肪的辐照食品采用气质联用(GC/MS)测定 2-十二烷基环丁酮(2-dodecylcyclobutanone,简称 2-DCB)含量的方法。目前,还未有证据表明 2-烷基环丁酮(2-ACBs)在未经辐照的食物中也能被检测到。2-烷基环丁酮产生的机理是因为食品经辐照后甘油三酯产生自由基而形成。在辐照处理时,甘油三酯中的酰氧键会发生断裂,从而导致 2-烷基环丁酮的形成。2-烷基环丁酮与母体脂肪酸有相同数量碳原子,2 号环位上连接烷基。因此,确定了脂肪酸的结构,就能预测 2-烷基环丁酮的结构。其中 2-DCB 就是由食品中的棕榈酸甘油三酯经辐照后转变而来,其分子结构见图 6-1。

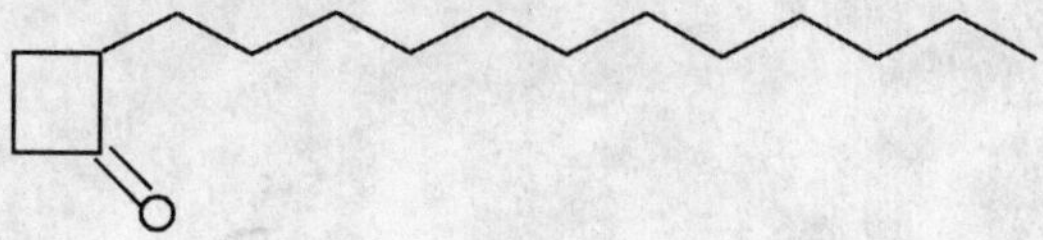

图 6-1　2-DCB 分子结构式

(二)国内外应用现状

食品辐照是操作方便、无二次污染、安全可靠以及经济适用的食品加工技术。用 γ 射线、电子束(≤10 MeV)或 X 射线(电子束最大能量 7.5 MeV)在一定的剂量范围内照射食品,可杀灭食品可能载带的病原体与腐败菌,也可抑制新鲜水果蔬菜的生理生化过程(发芽和成熟),以保障消费者健康、延长产品货架期。1972 年,LeTellier 等用 γ 射线对三酰基甘油进行 60 kGy 辐照,发现了 2-烷基环丁酮(2-ACBs)。

这是含脂食品的特异性辐解产物,具有与脂肪酸前驱体一样的碳原子数,烷烃基团位于环丁酮的 2 号位,其中 2-十二烷基环丁酮(2-DCB)由棕榈酸辐解产生。

迄今为止，仅在辐照含脂食品中发现 2-ACBs。Stevenson 等报道了以 2-ACBs 作为标志物检测辐照鸡肉。2003 年，欧盟将 EN 1785—1996 修订为 EN 1785—2003，用气相色谱/质谱(GC/MS)分析检测 2-ACBs。

对于辐照食品检测的研究欧盟位于世界前列，而且欧盟颁布的辐照食品检测标准也最多、最全面，多数被国际食品法典委员会(CAC)采纳，其他各国根据自身情况也适当采纳了欧洲相关检测标准 EN 1785—2003：含脂辐照食品的检测 2-烷基环丁酮的气相色谱/质谱分析法。

目前我国颁布的国标 GB/T 21926 只针对一种 2-十二烷基环丁酮检测含脂食品；我国辐照食品检测标准及检测对象的现状表明，我国辐照食品检测技术的研究还比较薄弱。

(三)方法适用范围

含脂辐照食品，如牛肉、猪肉、鸡肉、鲜蛋、三文鱼、干酪。

(四)方法优缺点

优点：通过 GC-MS 检测该辐照食物特异性产物可定性和定量；

缺点：适用样品种类范围较窄，灵敏度依赖于食物中脂肪的类型和含量。

二、欧洲检测标准 EN 1785—2003

(一)试剂

(1)一般规定

所有实验试剂和材料必须为分析纯，其纯度需定期通过样品空白实验检测。实验用水至少达到 EN ISO 3696:1995 规定的 3 级标准。

(2)正己烷

(3)无水硫酸钠

(4)乙醚

(5)标准贮存液

用正己烷或异辛烷配制浓度 5 μg/mL 的 2-环己基环乙酮(内标)，100 μg/mL 的 2-十二烷基环丁酮和 2-十四烷基环丁酮，−20℃下贮存。

(6)标准工作溶液

用正己烷或异辛烷配制浓度 0.5 μg/mL 的 2-环己基环乙酮(内标)，10 μg/mL 的 2-十二烷基环丁酮和 2-十四烷基环丁酮，−20℃下贮存。

(7)Florisil®,150～250 μm(60～100 目),农残级

使用前将填料在 550℃下烘 5 h 或过夜使之活化,之后在干燥器中冷却,冷却后密封保存。

按照水和活化填料 20∶100(质量分数)的比例制备去活化填料。每根柱子大概需要 30 g 活化的 Florisil® 填料,确保去活化的填料质地均匀,没有结块,平衡过夜,使用有效期为 1 周。

(8)氮气

用来浓缩溶液。

(9)氦气

用作载气。

(二)仪器与设备

①电力搅拌器。

②索氏提取器。配备 250 mL 圆底烧瓶和 100 mL 萃取器。

③纤维提取套管。长 80～100 mm,内径 30 mm,用前必须用正己烷清洗。

④脱脂棉。无吸收,用前用正己烷清洗。

⑤电加热套或水浴锅。

⑥色谱柱。玻璃材质,长 300 mm,内径 20 mm,配 PTFE 活塞开关,带磨口盖。

⑦分液漏斗。250 mL,带磨口盖。

⑧旋转蒸发器。配蒸发瓶和 45℃控温的水浴锅(低真空,大约 25 kPa)。

⑨氮吹仪。

⑩气相色谱玻璃瓶。

(三)取样

取样时,优先取脂肪含量高的部分(如鸡皮),将样品保存在密封玻璃容器或金属箔片中。

(四)分析步骤

(1)样品准备

将样品切碎后用电力搅拌机搅拌混匀。干酪、软干酪在提取前要切成小块。鲜鸡蛋在取样前要完全混匀。

(2)脂肪萃取

称取 20 g 无水硫酸钠,20 g 混匀的样品加入提取套管中,混匀并用脱脂棉塞好。对于脂肪含量低的食品要增加被测样品数量和无水硫酸钠的用量。建议鲜鸡蛋在提取前于 100℃下干燥 12 h。薄鸡蛋膜在 100℃下 2 h 部分干燥以做对照,改

变干燥过程，例如冷冻干燥，用来检测 2-烷基环丁酮的回收率。

在圆底烧瓶中加入 100 mL 正己烷，连接上提取器，将提取套管装到提取器中并加入 40 mL 正己烷，将圆底烧瓶放在加热套上连接上冷凝器，回流缓慢提取 6 h。溶剂每小时至少虹吸 4 次。将圆底烧瓶从加热套上移开，撤除套管和提取器中的正己烷，将圆底烧瓶中的提取液转移到 100 mL 的磨口量筒中，加溶剂至 100 mL。加入 5～10 g 无水硫酸钠，加盖，混匀，静置过夜。

在能达到同等提取效果的前提下还可选择其他的脂肪提取过程。

(3)脂肪提取物的制备

①脂肪含量的测定——方法Ⅰ。将两个圆底烧瓶在 100℃下烘干 4 h 或过夜，冷却、恒重。向两个圆底烧瓶中分别移取等量上述脂肪提取液旋转蒸发至干。100℃下烘干 4 h 或过夜，再称重。或者采用更快速的测量脂肪含量的方法，将等量上述脂肪提取液移至称重过的玻璃瓶中，氮气流下蒸发溶剂吹至恒重，计算提供 200 mg 脂类所需要的脂肪提取液的体积。

②脂肪含量的测定——方法Ⅱ。可代替脂肪含量的测定——方法Ⅰ。将全部脂肪提取液在旋转蒸发器上浓缩至 2～3 mL。将其转移到称重过的密封的小玻璃瓶(10 mL)中，氮气吹至恒重。

(4)Florisil® 柱层析

用色谱柱、去活化 Florisil® 填料和正己烷制备 Florisil® 柱子。正己烷的用量以能够没过填料为宜。

取含有大约 200 mg 脂类的提取物如需要可再浓缩，最后体积不超过 5 mL，也可以将 200 mg 脂类物质用正己烷溶解到总体积不超过 5 mL。

将脂类物质定量加到柱子上(记录脂类准确的重量)，让正己烷液面下降至 Florisil® 填料上方，加 5～10 mL 正己烷。将分液漏斗中剩余的正己烷(总量 150 mL)加入柱中，以 2～5 mL/mim 的速度洗脱柱子，收集洗脱液于 250 mL 圆底烧瓶中。当分液漏斗流空后(注意柱子不能流干)，换一个收集瓶，用 150 mL 含 1%乙醚的正己烷溶液洗脱柱子。40℃下将 1%乙醚的洗脱液旋转蒸干至 5～10 mL，转移至测试管中。40℃水浴下氮气吹干，并确保样品吹干后离开氮气。加入 200 μL 2-环己基环丁酮溶解并转移到玻璃瓶中。

(5)分离与检测

用毛细管柱分离 2-烷基环丁酮并用质谱检测器检测。采用选择性离子监测模式，检测 m/z 98 和 m/z 112 的离子。在附录 A 中给出了采用 Ultra 1 柱子的气相色谱-质谱条件的例子。图 A.1 和图 A.2 给出了典型的 2-十二烷基环丁酮和 2-十四烷基环丁酮的电子轰击质谱图。图 A.3 到图 A.7 分别给出了辐照处理的鸡肉、猪肉、鲜蛋、三文鱼、软干酪的典型色谱图。

(6)内标质控

用同类未经过辐照处理的样品作为未知样品，另取 2 份样品平行添加已知含量的 2-十二烷基环丁酮和 2-十四烷基环丁酮进行测定。例如，实验室间试验确证的产品，分别加入了 200 μL 和 100 μL 的 10 μg/mL 2-十二烷基环丁酮和 2-十四烷基环丁酮。添加标样应该在样品制备好之后处理之前立刻加。加标样品与未知样品用相同的过程处理，计算加标的回收率。

用 0.5 μg/mL 的 2-环己基环乙酮检测不同浓度的标准溶液的线性范围(例如 0.25～2 μg/mL 的 2-十二烷基环丁酮和 2-十四烷基环丁酮)。

(五)结果计算及判定

1.2-烷基环丁酮的判定

2-十二烷基环丁酮产生的离子峰 m/z 98 和 m/z 112 的丰度比为(4.0～4.5)∶1，而 2-十四烷基环丁酮的 m/z 98 和 m/z 112 丰度比为(3.8～4.2)∶1，该比例在样品中和标准品中应是一致的。两种选择性离子同时存在并且比例正确才能给出阳性判定。每种离子的信噪比都应高于 3∶1，相对离子强度变化与同一天获得的相近浓度标准比应控制在±20%。如果出现阳性结果，在 m/z 95～m/z 115 进行全扫描，在 2-烷基环已酮标准的保留时间下，确保 m/z 98 和 m/z 112 是主要离子。

2.2-烷基环丁酮的含量计算

测定含 2-十二烷基环丁酮和 2-十四烷基环丁酮的系列标准溶液及样品。

计算每种 2-烷基环丁酮相对于内标的相对响应 F，公式如下：

$$F = A_{cy}/(A_{is} \times \rho_{cy}) \tag{6-1}$$

式中：A_{cy}为 2-烷基环丁酮的 m/z 98 离子的峰面积；A_{is}为内标的 m/z 98 离子的峰面积；ρ_{cy}为 2-烷基环丁酮的浓度(μg/mL)。

取所有 2-烷基环丁酮的 F 值的平均 F_{av}，计算质量浓度 $\rho_{cy/s}$，即每 200 μL 中两种 2-烷基环丁酮的微克数，公式如下：

$$\rho_{cy/s} = A_{cy/s}/(A_{is/s} \times F_{av} \times 5) \tag{6-2}$$

式中：$A_{cy/s}$为样品中 2-烷基环丁酮的 m/z 98 离子的峰面积；$A_{is/s}$为样品中内标的 m/z 98 离子的峰面积；F_{av}为 F 的平均值。

脂类物质校正公式：

$$W_{cy} = \rho_{cy/s}/m_0 \times 1\,000 \tag{6-3}$$

式中：$\rho_{cy/s}$为样品中 2-烷基环丁酮的质量浓度（μg/200 μL），公式(6-2)计算得到，m_0 为从 Florisil® 柱上洗脱下来的脂的重量，单位 μg；W_{cy}为 2-烷基环丁酮的质量因子，μg/g 脂肪。

3. 辐照样品的鉴定

满足下列情况时样品被认为进行过辐照处理：

①至少一种 2-烷基环丁酮被检出为阳性；

②被测浓度超过灵敏离子信噪比 3∶1 时的浓度。

(六)局限性

该方法对经约 0.5 kGy 及以上剂量辐照的生鸡肉、1 kGy 及以上剂量辐照的鲜蛋、生猪肉、三文鱼和软干酪的检测是有效的。这些剂量适用于大多数商业用途。在这些产品中，2-烷基环丁酮的检测限和稳定性受加热或储存因素的影响并不明显。

DCB 和 TCB 的比率通常反映了棕榈酸和硬脂酸的比率。但辐照的生猪肉例外。一个以番木瓜和杧果为材料的试验结果表明，从它们的种子中提取脂肪的结果并不理想，因此该方法的验证没有扩展到这些产品。在对番木瓜的辐照检测试验中，大多数参与实验的实验室遇到了很大的困难。这可能是由于番木瓜种子经辐照所产生的 2-烷基环丁酮不稳定，与前人的研究结果也是一致的。在杧果试验中，发现少量的样品呈假阳性，这些是因为两个实验室遇到了分析难题，因为在此类未辐射产品中从未检测到 2-烷基环丁酮。

尽管在原理上一定范围的脂肪提取方法是可取的，但以乙醚或者戊烷/丙酮为溶剂的提取结果并不理想，所以不宜采用该方法。

由于内标是在样品过 Florisil 色谱柱之后加入的，定量数据应用准确的回收率校正才能消除未知的误差。

三、实验实例

本实验方法参考 EN 1785—2003，采用的是索氏抽提法对含脂类辐照食品进行提取，通过自制的弗罗里硅土层析柱进行净化后于 GC/MS 上测定，具有较好的回收率和重复性，具有较高的实际应用价值。

(一)仪器与试剂

Angilent5975 气相色谱/质谱联用仪，正己烷，乙醚，石油醚，弗罗里硅土，^{60}Co 辐照源。称取 2-十二烷基环丁酮标准品，用正己烷配制成浓度为 100 μg/mL 的标准储备液，稀释成浓度为 10.0 μg/mL 的标准工作液，置－18℃冰箱保存。

(二)色谱与质谱条件

(1)气相色谱条件

DP-1701MS 色谱柱,30 m×0.25 mm(内径),0.25 μm(膜厚)。柱温:初始温度 60℃,保持 1 min,以 15℃/min 速率,升温至 300℃,保持 5 min;载气:高纯氦气 99.999 %,1.0 mL/min;进样口温度:250℃;进样量:1 μL。

(2)质谱条件

接口温度:280℃;离子源:电子轰击源(EI);电子能量:70eV;离子源温度:230℃;检测方式:SIM,内标和目标物的选择离子均为 m/z 98 和 m/z112,定量离子为 m/z98。

(三)样品处理

(1)提取脂肪

称取 10 g 样品,拌以 10 g 海砂,加入抽提筒,混匀并用脱脂棉塞好。建议鲜肉在提取前于 100℃下干燥数小时。

将滤纸筒放入脂肪抽提器的抽提筒内,连接已干燥至恒量的接受瓶,由抽提器冷凝管上端加入石油醚至瓶内容积的 2/3 处,于水浴上加热,使石油醚不断回流提取,一般抽提 6 h。

(2)称重

取下接受瓶,回收石油醚,待接受瓶内石油醚剩余 1~2 mL 时在水浴上蒸干,再于 100℃干燥 2 h,放干燥器内冷却 0.5 h 后称量。重复以上操作直至恒量。计算脂肪重量。

(3)净化

取含有大约 200 mg 脂类的提取物,定量加到弗罗里硅土柱(5 mL 正己烷活化)上,加 10 mL 正己烷淋洗,10 mL 2%乙醚/正己烷溶液洗脱收集,用氮气吹干,再加 1 mL 正己烷溶解残渣,于 GC/MS 仪上分析。

(四)结果与讨论

1.监测离子的选择

经过对 2-DCB 的浓标进行全扫描,得到其全扫描质谱图(图 6-2),可以看到 DCB 的主要碎片离子峰为 m/z 98 和 m/z 112,因此将 m/z 98 和 m/z 112 作为选择离子,其中丰度比最高的 m/z 98 作为定量离子,在 EI 模式下这两个碎片是经过复杂的断裂和重排而来。其他碎片峰如 m/z 84 和 m/z 55,尽管丰度也较高,但由于分子质量太小,因此不适合作为选择离子。

2.定量结果的表示方法

本实验采用国际通用的 2-烷基环丁酮检测辐照食品的表示方法——每克脂

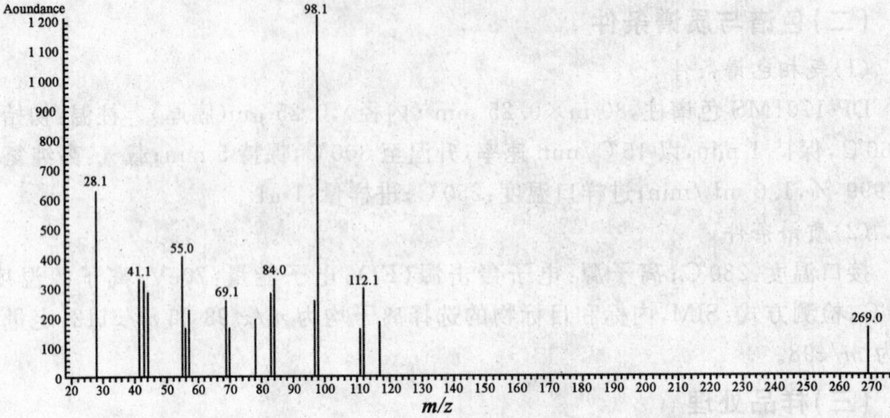

图 6-2 2-DCB 全扫描质谱图

肪中含有 2-DCB 的微克量，即 μg/g(以脂肪计)。这是因为辐照剂量同脂肪中 2-烷基环丁酮的含量呈线性相关关系。取鸡肉 500 g，绞碎后各分成 4 份，送往辐照中心分别接受 1 kGy、2 kGy、5 kGy 辐照，然后于实验室按照上述实验方法进行 2-DCB 含量的测定，每个剂量重复 2 次，取平均值，从结果(表 6-1)可以看出辐照剂量与脂肪中 2-DCB 的含量呈线性相关。

表 6-1 辐照鸡肉样品中 2-DCB 含量

辐照剂量	2-DCB 含量/(μg/g，以脂肪计)	相关系数 r
1	0.46	
2	0.87	0.998
5	2.16	

3. 方法适应性试验

(1)线性响应范围

配制内标浓度为 0.5 μg/mL，2-DCB 的标准浓度分别为 0.05 μg/mL、0.1 μg/mL、0.50 μg/mL、1.0 μg/mL、2.0 μg/mL，见图 6-3。上述实验条件下于 GC/MS 上测定，以 2-DCB 的质量浓度(Y，μg/mL)进行线性回归，结果表明，当 2-DCB 的质量浓度在 0～2.0 μg/mL(相当于脂肪中 2-DCB 的浓度为 0～5.0 μg/g 以脂肪计)范围时，线性关系良好，其相关系数和回归方程分别为 $r=0.9998$，$Y=928.41x-30.737$。

(2)回收率与重复性

以未经辐照的鸡肉作为空白检测样品，通过本标准试验方法测得样品中脂肪含量，然后分别按照 0.1 μg/g、0.2 μg/g、0.5 μg/g(以脂肪计)水平在样品中添加

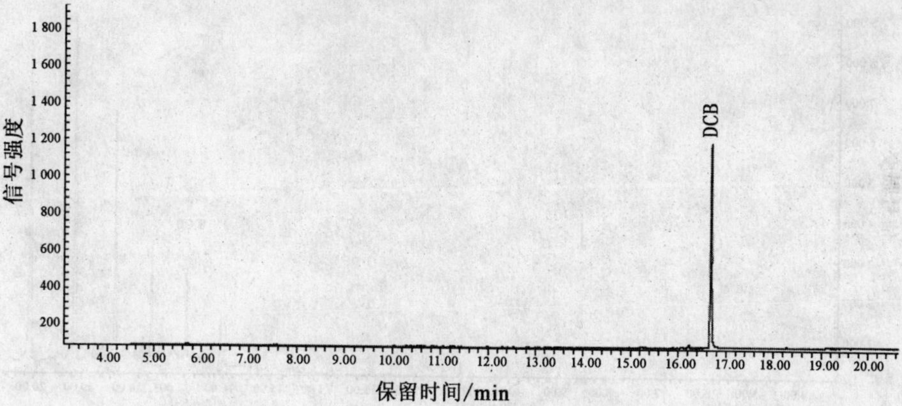

图 6-3　2-DCB 标准溶液的选择离子色谱图

2-DCB,并按照标准实验方法前处理后于仪器上分析检测,得到回收率和精密度实验数据,其结果见表 6-2。其空白样品图谱和添加最低水平样品图谱见图 6-4 和图 6-5。从表中可以看出,该方法的回收率在 80%～90%之间,变异系数 RSD<8%,能够满足一般分析方法的要求。

表 6-2　回收率与精密度实验结果($n=6$)

样　品	添加水平(以脂肪计)					
	0.1 μg/mL		0.2 μg/mL		0.5 μg/mL	
	回收率/%	RSD/%	回收率/%	RSD/%	回收率/%	RSD/%
鸡　肉	83.6	6.81	86.7	7.26	89.8	6.27

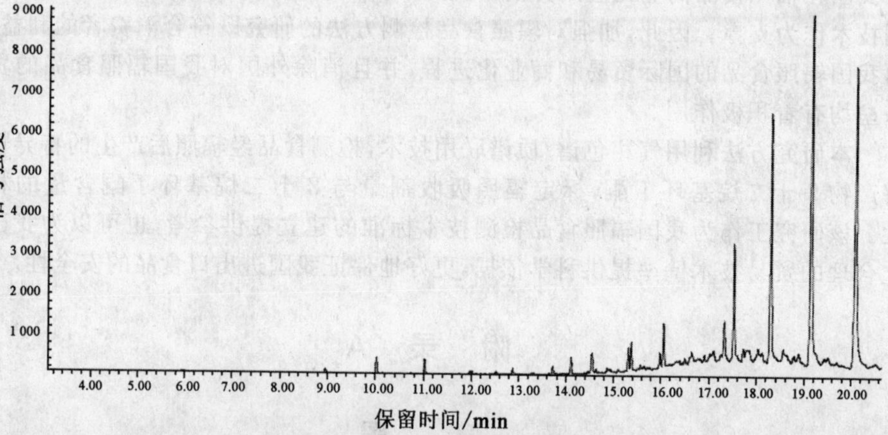

图 6-4　未经辐照的空白鸡肉样品的选择离子色谱图

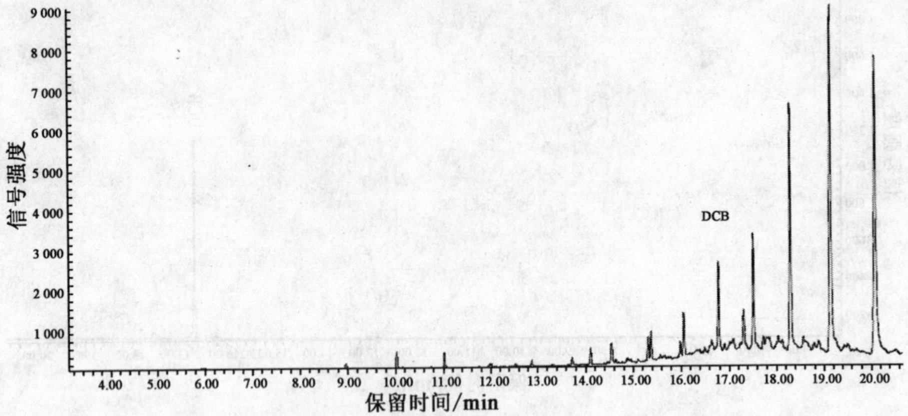

图 6-5 经 1 kGy 辐照鸡肉样品的选择离子色谱图

(3)方法的定量检测限

根据添加回收试验,本方法能够准确定量的最低检出限为 0.1 μg/g(以脂肪计)。通过实际对辐照样品的测定及文献相关报道,在辐照剂量为 1 kGy 时,2-DCB 在脂肪中的含量均大于 0.1 μg/g,在有些肉类产品中甚至可以达到 0.5 μg/g 以上,因此可以满足 1 kGy 剂量辐照的样品。一般来说,肉类辐照主要目的是灭菌和延长保质期,而达到这个目的则至少吸收剂量要大于 1 kGy。因此本方法可以满足实际肉类产品的检测需求。

4.展望

辐照食品检测方法研究是近 20 多年来辐照食品较为活跃的研究领域之一,虽然我国在辐照食品商业化应用方面一直处于世界领先水平,但缺乏必要的鉴定、检测技术作为支撑。因此,加强对辐照食品检测方法的研究既符合消费者的利益,也对我国辐照食品的国际贸易和商业化进程,并且消除外国对我国辐照食品的贸易壁垒均有着积极作用。

本研究方法利用气相色谱/质谱联用技术,检测食品经辐照后产生的特异性辐解产物 2-十二烷基环丁酮,标定辐照吸收剂量与 2-十二烷基环丁酮含量的相关性。该研究工作为我国辐照食品检测技术标准的建立提供参考,也可以为我国设立合理的贸易技术壁垒提供科学依据,更好地保证我国进出口食品的安全性。

附 录 A

谱 图

在图 A.3 至图 A.7 的谱图中 2-烷基环丁酮是由 Hewlett-Packard® Ultra 1

柱子(12 m×0.22 mm,0.33 μm)分离的。Hewlett-Packard® 5890 气相色谱串联 Hewlett-Packard® 5970B 质谱检测器。

检测条件如下:

进样口温度	250℃
传输线温度	280℃
柱温箱温度程序	
初始温度	55℃ 保持 1 min
升温速率	15℃/min 至 300℃
终止温度	300℃保持 15 min
进样量	1 μL
进样模式	不分流进样
溶剂延迟	6 min
倍增器电压	自动调谐
载气	氦,1 mL/min
质谱检测器	选择离子扫描方式,*m/z* 98,*m/z* 112
电子轰击电离源能量	70 eV
驻留时间	50 ms/ion

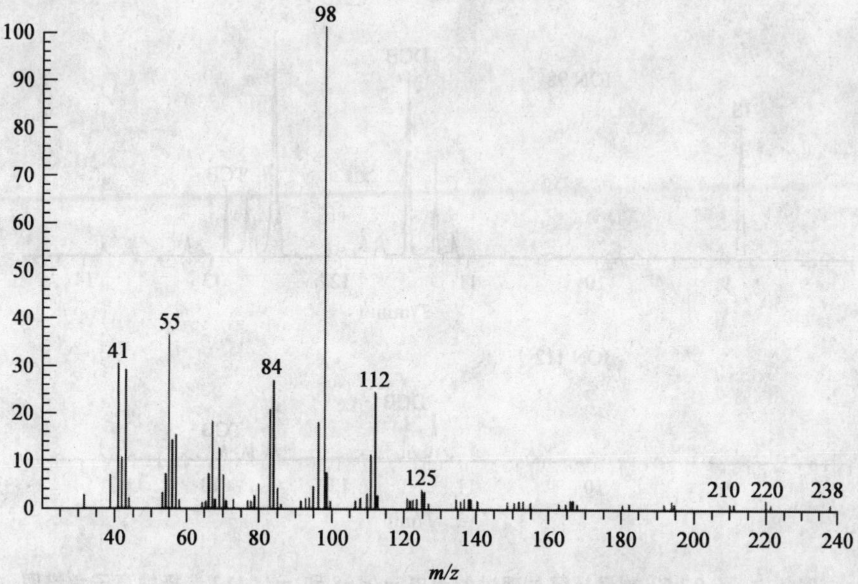

图 A.1 2-十二烷基环丁酮标准物质 EI 质谱图

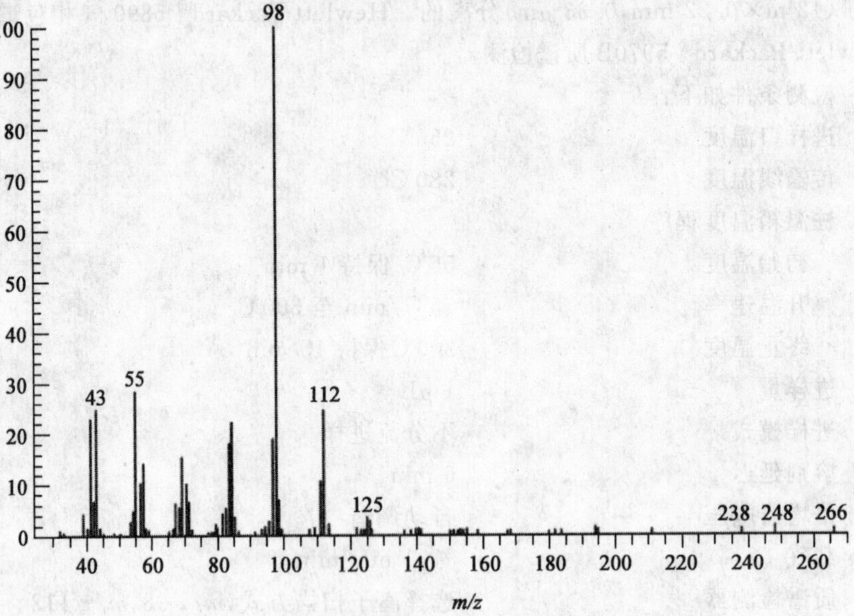

图 A.2 2-十四烷基环丁酮标准物质 EI 质谱图

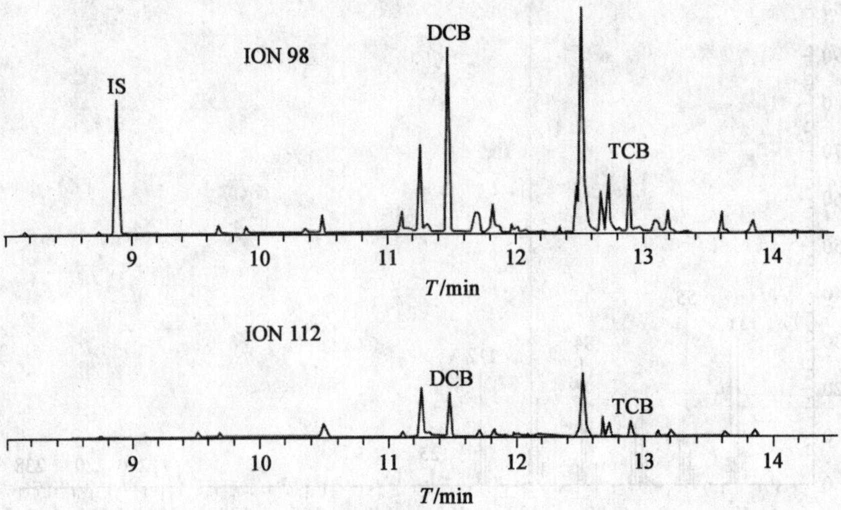

图 A.3 4.0 kGy 剂量辐照处理过的鸡肉 m/z 98 和 m/z 112 选择性离子色谱图

IS—内标 DCB—2-十二烷基环丁酮 TCB—2-十四烷基环丁酮

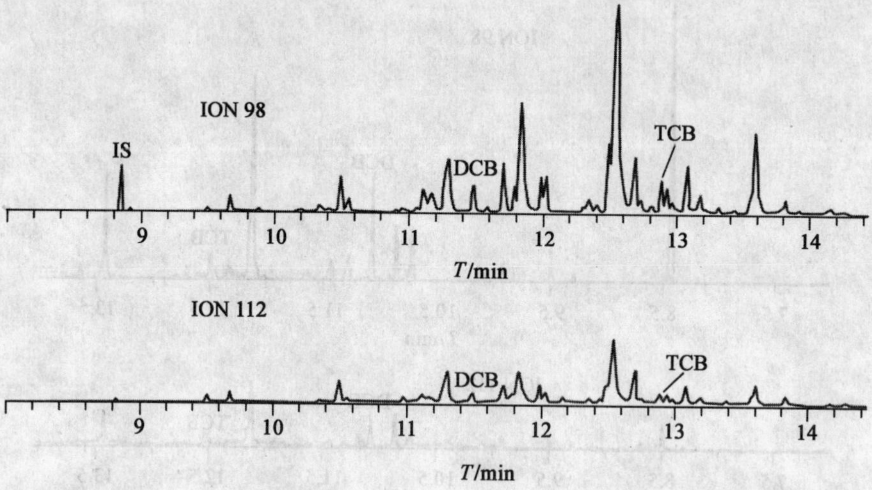

图 A.4　3.0 kGy 剂量辐照处理过的猪肉 m/z 98 和 m/z 112 选择性离子色谱图

IS—内标　DCB—2-十二烷基环丁酮　TCB—2-十四烷基环丁酮

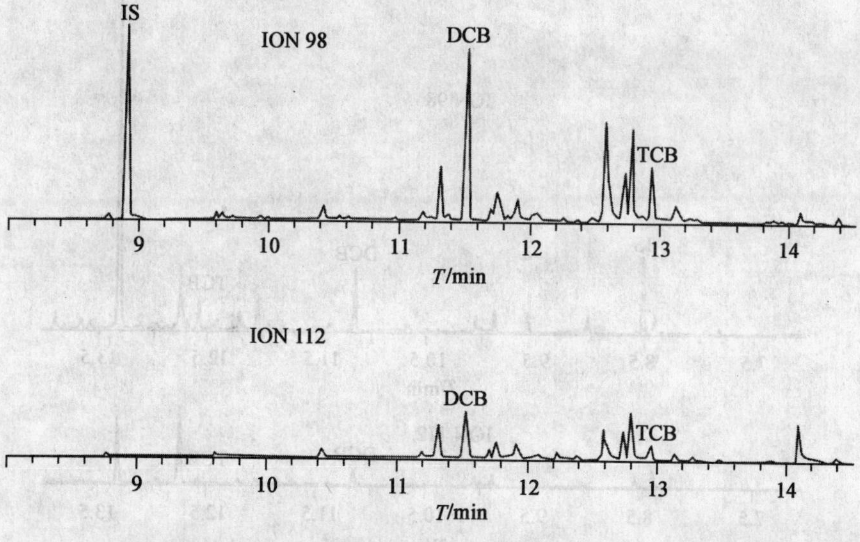

图 A.5　3.0 kGy 剂量辐照处理过的鲜蛋 m/z 98 和 m/z 112 选择性离子色谱图

IS—内标　DCB—2-十二烷基环丁酮　TCB—2-十四烷基环丁酮

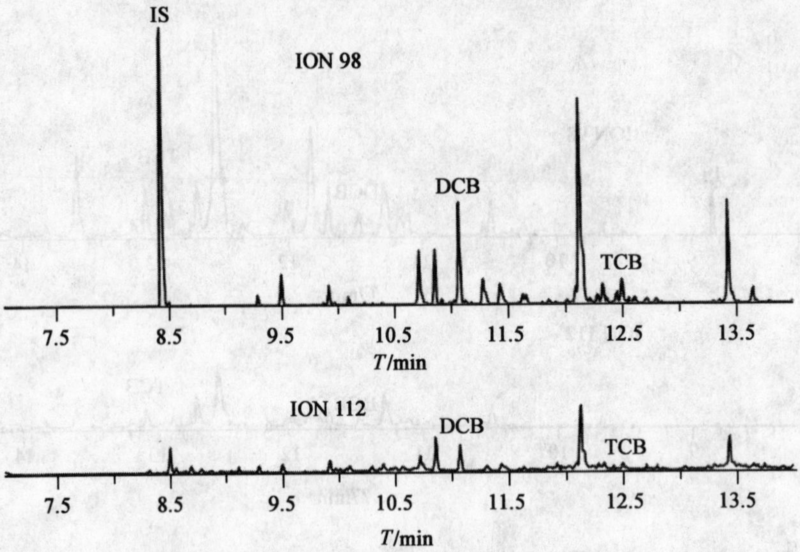

图 A.6 3.0 kGy 剂量辐照处理过的三文鱼 *m/z* 98 和 *m/z* 112 选择性离子色谱图

IS—内标 DCB—2-十二烷基环丁酮 TCB—2-十四烷基环丁酮

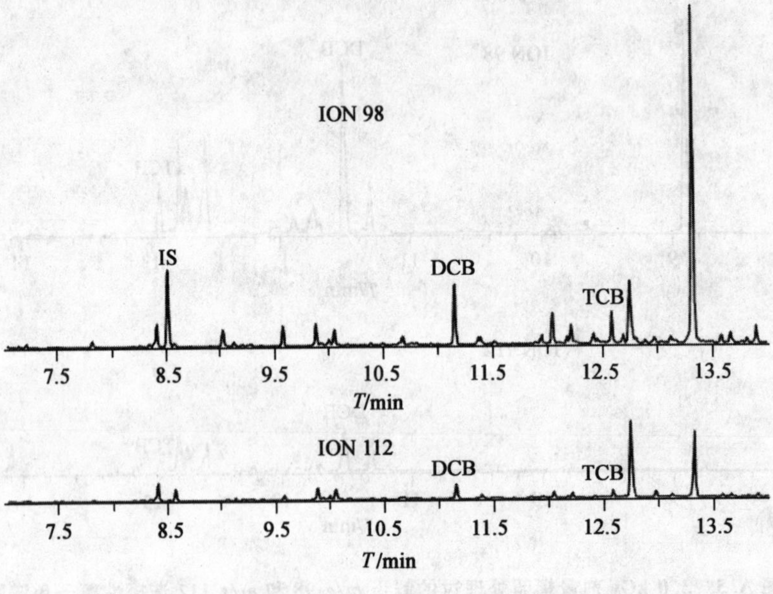

图 A.7 3.0 kGy 剂量辐照处理过的软干酪 *m/z* 98 和 *m/z* 112 选择性离子色谱图

IS—内标 DCB—2-十二烷基环丁酮 TCB—2-十四烷基环丁酮

参考文献

[1] Stevenson M H. Progress in the identification of irradiated food. Trends in Food Science and Technology,1992,3:257-262.

[2] Crone A V J,Hand M V,Hamilton J T G,Sharma,N D,Boyd D R and Stevenson M H. Synthesis,characterisation and use of 2-tetradecylcyclobutanone together with other cyclobutanones as markers for irradiated liquid whole egg. J. Sci. Food Agric. ,1993,62:361-367.

[3] Stevenson M H. Detection of irradiated food. Food Technol. , 1994: 141-144.

[4] Meier W and Stevenson M H. Determination of volatiles and o-tyrosine in irradiated chicken. Results of an intercomparison study//Leonardi M,Raffi J J and Belliardo J J. Recent Advances on the Detection of Irradiated Food. BCR Information,1993,Luxembourg:Commission of the European Communities,1993: 211-218,(Report EUR/14315/en).

[5] Stevenson M H,Meier W and Kilpatrick D J. A European Collaborative Blind Trial Using Volatile Hydrocarbons and 2-Dodecylcyclobutanone to Detect Irradiated Chicken Meat. BCR Information,1994,Luxembourg:Commission of the European Communities,1994,(Report EUR/15969/en).

[6] Stevenson M H,Kilpatrick D J and McMurray C H. A European Collaborative Blind Trial Using 2-Dodecylcyclobutanone and 2-Tetradecylcyclobutanone to Detect Irradiated Chicken,Pork and Liquid Whole Egg,FAO/IAEA Report, Vienna,Austria,1994.

[7] Stevenson M H. Validation of the cyclobutanone protocol for detection of irradiated lipid containing foods by interlaboratory trials//McMurray C H, Stewart E M,Gray R and Pearce J. Detection Methods for Irradiated Foods-Current Status. Royal Society of Chemistry,Cambridge,UK,1996:269-284.

[8] Stewart E M. An international collaborative blind trial using 2-dodecylcyclobutanone and 2-tetradecylcyclobutanone to detect irradiated Camembert cheese,salmon,mango and papaya. Report to the Ministry of Agriculture,Fisheries and Food (MAFF),London,UK,2001.

[9] Stevenson M H,Crone A V J and Hamilton J T G. Irradiation detection.

Nature, 1990, 344: 202-203.

[10] Boyd D R, Crone A V J, Hamilton J T G, Hand M V, Stevenson M H and Stevenson P J. Synthesis, characterisation and possible use of 2-dodecylcyclobutanone as a marker for irradiated chicken. J. Agric. Food Chem., 1991, 39: 789-792.

[11] Crone A V J, Hamilton J T G and Stevenson M H. Effect of storage and cooking on the dose response of 2-dodecylcyclobutanone, a potential marker for irradiated chicken. J. Sci. Food Agric., 1992, 58: 249-252.

[12] Crone A V J, Hamilton J T G and Stevenson M H. The detection of 2-dodecylcyclobutanone in radiation sterilised chicken stored for several years. Int. J. Food Sci. Technol., 1992, 27: 691-696.

[13] Raffi J, Delincée H, Marchioni E, Hasselmann C, Sjöberg A-M, Leonardi M, Kent N, Bögl K W, Schreiber G A, Stevenson M H, Meier W. Concerted Action of the Community Bureau of Reference on Methods of Identification on Irradiated Foods. BCR-Information, 1994, Luxembourg: Commission of the European Communities, 1994, (Report EUR/15261/en).

[14] Meier W, Artho A, Nägeli P. Detection of irradiation of fat containing foods by on-line LC-GC-MS of alkylcyclobutanones. Mitt. Gcb. Lebensm. Hyg., 1996, 87: 118-122.

[15] Stewart E M, Moore S, McRoberts W C, Graham W D and Hamilton J T G. 2-Alkylcyclobutanones as markers for exotic fruits. Food Sci. Technol. Today, 1998, 12: 103-106.

[16] Ndiaye B, Jamet G, Miesch M Hasselmann C and Marchioni E. 2-Alkylcyclobutanones as markers for irradiated foodstuffs. Ⅱ. The CEN (European Committee for Standardization) method: field of application and limit of utilization. Rad. Phys. Chem., 1999, 55: 437-445.

[17] Ndiaye B, Horvatovich P, Miesch M, Hasselmann C and Marchioni E. 2-Alkylcyclobutanones as markers for irradiated foodstuffs. Ⅲ. Improvement of the field of application on the EN 1785 method by using silver ion chromatography. J. Chromatogr. A, 1999, 858: 109-115.

[18] Horvatovich P, Miesch M, Hasselmann C and Marchioni E. Supercritical fluid extraction of hydrocarbons and 2-alkylcyclobutanones for the detection of irradiated foodstuffs. J. Chromatogr. A, 2000, 897: 259-268.

[19] Lee H-J, Byun M-W and Kim K-S. Detection of radiation-induced hydrocarbons and 2-alkylcyclobutanones in irradiated perilla seeds. J. Food Protect., 2000, 63: 1563-1569.

[20] Stewart E M, Moore S, Graham W D, McRoberts W C and Hamilton J T G. 2-alkylcyclobutanones as markers for the detection of irradiated mango, papaya, Camembert cheese and salmon meat. J. Sci. Food Agric., 2000, 80: 121-130.

[21] Stewart E M, McRoberts W C, Hamilton J T G and Graham W D. Isolation of lipid and 2-alkylcyclobutanones from irradiated food by supercritical fluid extraction. J AOAC Int., 2001, 84(3): 976-986.

第七章 热释光检测法

一、概述

热释光(thermoluminescence,TL)法检测辐照食品是20世纪80年代兴起的检测辐照食品应用最为广泛的方法之一,也是值得信赖的、有效的和快速的检测方法之一。热释光方法检测辐照食品的原理是基于黏附在大多数食物上的矿物砂土的物理变化。接受辐照的矿物砂土都要贮存能量,受热激发后又能释放部分能量,并伴随光发射,这就是热释光。一旦加热激发了光发射,该材料就不会再次发射热释光,除非再次接受辐照,这是热释光现象所特有的。通过控制加热,热释光计数器可以测定光的强度。

(一)原理

硅酸盐矿物质污染的食物在暴露于致电离放射性物质时,会通过诱捕电荷来储存能量。对于这类能量,其释放要通过对分离的硅酸盐矿物质的可控制加热,由此得到可检测的热发光曲线。硅酸盐矿物质因此要从食品中分离出来,通常用密度分离的步骤。为了不干扰TL检测,分离的硅类矿物应当尽量不含有有机组分。分离的矿物质提取物其第一次热释光被记录下来(Glow 1)。因为不同数量不同种类的矿物质[石英、长石(feldspar)等]在放射后会显示出截然不同的整合TL强度,同一样品在固定剂量的放射照射的热释光(Glow 2)的测定对TL应答的标准化是必需的。

这样,TL发光的比值就得到了。因为被放射性照射过的样品在原则上会得到比没有被照射过的样品较高的热释光的比值,这数值便表明食品是否经过辐射处理。发光曲线的形状参数为发现被放射性照射过的食品提供了另外的证据。热释光分析的这种方法完全依赖于可以从各种食品中分离出来的硅类矿物质,并且原理上不被食品的种类所影响。

(二)国内外应用现状

热释光第一次被科学地记录是1663年的Robert Boyle,他把金刚石贴身放在他裸露的体表处时,金刚石发出微弱的亮光,并持续了很长一段时间。这种现象是接受自然辐照的金刚石的天然热释光。1895 年，Wiedemann 和 Schmidt 首次在实验室用电子束辐照样品产生热释光，这种热释光被称为“人工热释光”。1967 年，Chadwick 及其同事是最早把热释光应用在食品上的，他们试验经 X 光辐照的番茄种子的热释光。Heide 和 Bogl 1984 年第一次应用热释光技术作为辐照食品的检测方法，他们以辐照的香辛料作为研究对象，把香辛料的加热温度作为热释光强度函数，再用剂量计记录。之后人们更加关注该技术，使其不断发展。受香辛料本身可以释放热释光观点的影响，当科学家们改变辐照样品贮藏条件、贮藏时间和吸收剂量时，发现各实验室的比对试验结论经常不一致和出现误判现象。

直到 1989 年，Sanderson 研究证明辐照香辛料热释光信号的来源不是那些有机物质，而是样品中的不溶性无机矿物砂土。此后，Pinnioja 等研究认为含有石英的无机矿物砂土会有稳定的热释光信号。Pinnioja 等对水产品中分离的无机矿物砂土进一步研究，发现无论是网状硅酸盐还是层状硅酸盐都有很强的热释光信号，分离到的硅酸盐主要有石英、长石、钾长石、斜长石、高岭石、伊利石、蒙脱石、黑云母和白云母；含有微量石英的黏土和方解石组成的碳酸盐也可以检测到稳定的热释光信号；而文石型碳酸盐和水合型黏土的热释光检测容易出现假阴性结论。Engin 对黑胡椒中分离的无机矿物砂土研究认为矿物砂土中 70%以上都是石英，还有大于 10%的长石。

1997 年欧洲标准 EN 1788 中明确指出能够分离出硅酸盐的食物可以检测是否被辐照，表明含硅酸盐的矿物砂土热释光信号稳定。虽然明确了无机矿物砂土是热释光信号的来源，但是由于原料的差异，每次提取的矿物砂土的量和组成都不一致，为了消除这个影响因素使得热释光检测结果更加可信，Autio 和 Pinnioja (2000)等对检测方法做了一定的改进，他们把检测后的矿物砂土进行了某一剂量的重复辐照。重复辐照的剂量最好是与辐照样品的吸收剂量趋于一致，各国科学家曾采用过 0.5 kGy、0.75 kGy、1.0 kGy 和 5.0 kCry 等剂量，EN 1788 制定后常常采用 1.0 kGy 剂量重复辐照，把矿物砂土第一次测量的发光曲线积分强度记录为 $G1$，把第二次测量的发光曲线积分强度记录为 $G2$。最初通过比较两个发光曲线的形状来判定样品是否接受过辐照，如果两者形状接近说明样品被辐照过，如果形状差异非常大，表明样品未被辐照，这样的判定主观性很强。通过对 $G1/G2$ 的值进行统计分析，人们发现未辐照样品的 $G1/G2$ 的值都很小，辐照样品的 $G1/G2$ 的值都很大。曾建议用 0.6 作为香辛料辐照与否的阈值，小于 0.6 香辛料未被辐照，大于 0.6 香辛料被辐照过。

以后的许多实验证实，未被辐照样品 $G1/G2$ 的值小于 0.1 和被辐照样品 $G1/G2$ 的值接近于 1.0 作为阈值误判很少；1997 年欧盟 EN 1788 中规定，在推荐的温度范围内积分，$G1/G2$ 的值小于 0.1 样品未被辐照，$G1/G2$ 的值大于 0.5 样品被辐照过，$G1/G2$ 的值在 0.1～0.5 之间不可判定。为了使热释光技术检测辐照食品更加准确可靠，科学家正努力剖析热释光发光曲线的影响因素和图谱组成。Sinikka 等研究认为发光曲线的形状和发光强度与食品中矿物砂土类型有关。Christiane 研究表明重复辐照的辐射源类型与发光曲线的形状和强度以及峰形位置有关，^{60}Co γ 射线、^{90}Sr β 射线和 2 Mev、5 Mev、10 Mev 能量的电子束都可以作为重复辐照的辐射源，而紫外线不适宜。Christiane 等还对辐照石英的吸收总剂量和剂量率进行研究，结果表明：吸收总剂量为 0.2 kGy，剂量率为 0.060 Gy/s 和 0.0025 Gy/s 时，发光曲线差异很小；剂量率一样，吸收总剂量为 1.0 kGy 时，发光曲线的形状和强度以及峰形位置都发生变化；而吸收总剂量为 5.0 kGy 时，只有发光曲线的强度降低了，形状和峰形位置都没有变化。Engin 通过对黑胡椒中矿物砂土的组分和热释光参数如陷阱深度(E)、频率因子(s)、俘获截面等的研究，分析了黑胡椒发光曲线峰形的组成和动力学解析表达式。随着对热释光技术检测辐照食品的方法不断探索，该方法的准确简便及良好的重现性凸显，应用的前景会越来越广泛，但是要估计辐照食品的吸收剂量和鉴别用于食品中的可能最小剂量还有待于深入研究。

2001 年，欧洲标准化委员会(CEN)制定的 EN 1788 号标准。在其标准中，热释光技术可以用来检测中草药、脱水或半干蔬菜、香辛料、土豆、新鲜或半干水果、小虾、对虾等多种大量的能分离出硅酸盐物质的食品。在其检测中加热温度超过 300℃，采用线性加热。而判定是否经过辐照，首先判定两次的辉光曲线形状峰型是否一致，再根据 $G1/G2$ 之值大小判定。当 $G1/G2$ 之值小于 0.1 时判定该样品没有经过辐照；当 $G1/G2$ 之值大于 0.5 时判定该样品经过了辐照；$G1/G2$ 之值在 0.1～0.5 之间为无法判定。这个标准在大量的实验基础上表明其判断的准确可行，但是存在误差。而存在的误差集中在将经过低剂量辐照的长时间贮藏的样品判定为没有经过辐照的。近年来我国在辐照食品的热释光检测标准的研究中也有重大突破。在中国农业部辐照产品质量监督检测中心 2005 年、2006 年这两年分别完成了两个行业标准：《辐照香辛料及脱水蔬菜热释光鉴定方法》和《辐照新鲜水果、蔬菜热释光鉴定方法》。这两个标准的建立必将推动和促进辐照食品的产业化进程。

(三)样品适用范围

热释光方法检测辐照食品成功应用于中草药、脱水或半干蔬菜、香辛料，土豆、新鲜或半干水果、小虾、对虾等多种能分离出硅酸盐物质的食品的检测判定。理论上由于所有暴露于土壤或风沙中的食品都含有矿物残存，几乎所有农产品都可用热释光分析法检测，然而还有很多制约热释光方法检测辐照食品准确率的因素不清楚。

(四)方法特点

理论上,这种 TL 分析能够用于检测任何能够分离出矿物质的食品。检测的局限性和稳定性取决于从单个样品获得的矿物质的种类和数量,以及热释光的温度间隔的选择。从非激发样品中分离的矿物质显示,在激发温度高于 300℃,残留的地质性的 TL 信号的获得最强,而在 200～300℃区间,有较弱的强度,并可能影响到检测的局限性。TL 信号的稳定性受到热释光曲线温度的极大影响,而且在更高的温度影响更大。在 200～250℃的温度范围内,TL 信号在数年内稳定。

这个方法已经在完全激发或完全非激发的样品中证实。对于激发和非激发产品相混合的情况,分析的结果取决于激发和非激发组分之间的相对敏感性。

二、方法

(一)试剂

①蒸馏水或去掉带电离子的水。

②比重 2.0 g/mL 的聚钨酸钠溶液:称取 250 g 聚钨酸钠($Na_6[HW_{12}O_{40}]\cdot H_2O$)溶解到 150 mL 的水中。

③1 mol/L 盐酸溶液(HCl):量取浓盐酸(35%～37%)8.8 mL 加水至 100 mL,混匀。

④1 mol/L 氨水(NH_4OH):量取浓氨水(28%)6.8 mL 加水至 100 mL,混匀。

⑤丙酮:色谱级或农残级。

⑥甲醇或乙醇:色谱级。

⑦硅树脂喷雾或羧甲基纤维素(0.2%)。

⑧分离矿物用的尼龙网或者不锈钢筛网:网眼 125～250 μm(60～100 目,直径>10 cm)。

(二)常用器皿与设备

①1 000 mL、500 mL、100 mL、50 mL 各种规格烧杯,过滤网(250 μm),吸管,玻璃离心管(15 mL,50 mL)。

②涡流振荡器。

③离心机(离心力大于 1 000g)。

④超声波清洗水槽。

⑤不锈钢样品杯(直径 0.96～0.97 cm,厚 0.5 mm)。

⑥实验室烘箱(50°C 以上)。

⑦不锈钢圆盘或者浅的杯子，直径需要适合热发光测定仪（通常为 9～10 mm），厚度则为 0.25～0.5 mm。

⑧热释光测定仪（图 7-1）。具有记录发光曲线的功能和数据评估；加热速率：约为 6℃/s；所需最高温度：至少 350℃；装备有一个合适的光电倍增管（photomultiplier tube），即偏碱性的光电阴极光电倍增管（photocathode photomultiplier tube），联合滤器使用来消除黑体辐射。适用的滤器组合为 Corning 7/59R＋Schott KG 1R 滤器或 Schott BG 39R，或者相似的。

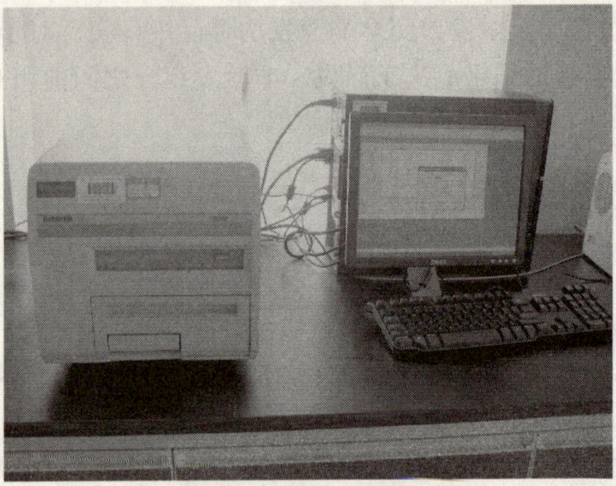

图 7-1 热释光检测仪

（三）步骤

1.总论

几种矿物质分离步骤可能会用到，即手动挑选、用水冲洗、密度分离以及（或）水解。对于其他的步骤，需要确定该步骤不会影响到定性上的分类。

分离的硅酸盐矿物质应当不含有有机物质。有机物的存在有可能会导致假阳性的（非辐射诱导）发光，或者在极端的情况下，会使 TL 值模糊不定。有机物残留的样品在热发光处理的过程中会变黑。而且，在分离过程中，样品要尽量避光，即不要暴露在强光下或者不必要地存放在光照的地方，以防止光淬灭。在柔和的光照条件下操作是比较理想的。有些研究者喜欢在安全光下工作。然而，在实验室检测中，对于药草、香辛料和它们的混合物、虾，新鲜或脱水的水果蔬菜，以及马铃薯，只要避免强光照射，在通常的实验室条件下是能够满足的。用 TL 分析硅酸盐矿物质需要 0.1～0.5 mg 的量，所需的最少量取决于 Glow 2 的高低。可接受的最低整合热发光强度对于 Glow 2 来说应为 MDL 的 10 倍。

2.从食物中分离硅酸盐矿物质

(1)*矿物质的预浓缩步骤*

①药草、香料及其混合物。用湿筛过滤法预浓缩矿物质对大部分样品来说是推荐使用的,流程如下:在一些情况下(取决于特定的样品),这个预浓缩步骤是可以省略的。在这种情况下,取0.5~1 g的样品到合适的离心管,然后直接进入密度分离步骤[见步骤2中的(2)密度分离步骤将矿场质从有机材料中分离]。

进行预浓缩,需要在100 mL或150 mL的烧杯中用50~100 mL的水将3~20 g的样品(依矿物污染的情况而定)溶解。

用超声波处理5 min使黏附的矿物质释放出来。

将样品分成小份过滤,用250 μm孔径的尼龙筛过滤粗糙样品如有香味的药草,或者用125 μm的尼龙筛过滤比较细致的样品如香料等。滤液用500~1 000 mL的烧杯收集,每次用水冲洗矿物质,即用水瓶喷射冲洗。将残留在尼龙滤器上的成分扔掉。每个样品使用新的尼龙筛网。过滤结束后放置5 min。

将烧杯里的大部分水连同尽可能多的有机物质移除,最后仅留几毫升的水。如果仍有大量的有机物质残留,加水至1~2 cm深,旋转,等候5~10 s使矿物质再次沉降下来,然后再次移除。

将烧杯里的大部分水连同尽可能多的有机物质移除,最后仅留几毫升的水。将矿物质部分转移到离心管中,可使用巴斯德移液器。1 000*g*离心1 min。或者沉降5 min。用抽吸移除上面的液体,最后留下矿物质部分。

②贝类。另外的从贝类中分离矿物质的选择是用水解的方法。这是一种已经被用于实验室试验的酸水解方法,见步骤2中的(3)甲壳类动物酸性水解硅酸盐的抽提的描述。

③新鲜水果和蔬菜(包括马铃薯)。如果仅通过收集或清洗就能够获得足量的矿物质,那么将它们置于离心管中并且直接进入到密度分离的步骤[步骤2中的(2)密度分离步骤将矿物质从有机材料中分离]。否则,就应当采用湿筛过滤法进行预浓缩,步骤如下。将样品(一个或多个水果、蔬菜或马铃薯,多少取决于矿物污染的程度)置于一个或多个烧杯中(比如1 000 mL的烧杯),加足量的水没过样品。

用超声波处理样品5 min,使黏附的矿物质释放出来。移除水果、蔬菜或马铃薯,根据需要用水清洗,以重新获得矿物质并且如步骤2中的①药草、香料及其混合物的第5段及其后所描述的步骤操作。建议使用250 μm尼龙滤网过滤除去粗的矿物颗粒或有机物。

④脱水水果和蔬菜。对于大部分样品,通常需要用湿筛过滤法进行预浓缩,步骤如下。

取50～200 g的样品(取决于矿物污染程度)置于一个或多个烧杯中(如1 000 mL烧杯),加足量的水没过样品。用超声波处理5 min使矿物质释放出来,并且按照步骤2中的①药草、香料及其混合物第4段及其后面的程序进行。

为了增加水果和蔬菜中矿物质的获得量,可以将静置时间延长至10 min。在这第一次的预浓缩步骤,可采用较多的清洗步骤来移除有机材料。

(2)密度分离步骤将矿物质从有机材料中分离

加5 mL聚钨酸钠溶液至含有矿物质部分的离心管中。可以涡旋震荡或者在超声浴中摇动3 min[如步骤2中的③新鲜水果和蔬菜(包括马铃薯)的情况]或者5～15 min(步骤2中的②药草、香料及其混合物的情况)。1 000*g* 离心2 min,硅酸盐矿物质(密度为2.5～2.7 g/mL)将会沉降底部而有机组分则漂浮于上层。

小心地将水添加至溶液上,这样易于将有机材料去除。可以通过移注或者真空抽吸的方法去除上层的水和有机物,保留矿物组分在下层。如果有必要,可以用微湿的棉纸擦拭离心管壁。如果没有将所有的有机物质除去,可再将水添加至溶液上,重复吸取。或者直接移除有机物质和上层多聚钨酸钠溶液,必要时再用微湿的纸擦拭管壁。

对于脱水的水果和蔬菜,一些样品比如苹果,会在溶液层中形成一个凝胶。取代直接吸取上层水的做法,建议室温放置过夜后再吸取上层水。再添加2～3 mL的聚钨酸钠溶液,涡旋震荡或超声处理(5～15 min),1 000*g* 离心2 min,再将水添加至上层,再次将离心管放置过夜。尽管这时候仍可能有部分凝胶在上层的溶液中,但已经很容易吸取,并能保留矿物质组分于管底部。

小心吸取溶液层,保留矿物质部分于最后。如果仍有太多的有机物质存在,再加入聚钨酸钠溶液重复离心吸取的程序。聚钨酸钠溶液可以收集、纯化回收再用。

用水洗2次,每次加适量的水于管中,1 000*g* 短暂离心后将水洗除。

为了溶解黏附于硅酸盐矿物质的含碳化合物,加1～2 mL 1 mol/L的盐酸,摇动,放置10 min。如果需要,可增加盐酸的用量或浓度。特别是马铃薯,至少应使用5 mL 4 mol/L的盐酸。

用氢氧化铵中和盐酸,加水至离心管,让矿物质自然沉降下来或短暂离心沉降。弃上清,用水洗沉淀2次。

为了去除残余的水,加入3 mL丙酮,轻轻摇动混匀。如果丙酮变浑浊,弃去加入新鲜的丙酮。

(3)甲壳类动物酸性水解硅酸盐的抽提

注:关于甲壳类动物的实验室间试验结果显示这一技术能够提高提取的产量,与物理密度分离相比,它能够降低未被放射线照射的样品的发光背景。无论是针

对整个样品，还是用镊子或解剖刀把肠组织从整个样品中分离出来，都可以应用以下步骤。

把 10～20 g 整个样品或 10～20 mg 肠组织放在一个圆底烧瓶中，如果是全样品就在烧瓶中加 200 mL，6 mol/L 的盐酸，如果是肠组织就放 20 mL。全样品逆流处理 2～3 h，如果是肠组织，加热到 50℃处理 15～30 min 就足够了。在消化过程中溶液颜色由无色转变为澄清的棕色。

冷却后，缓慢加入 400 mL（肠组织加 40 mL）水。放置 15 min 自然沉降。小心地轻轻倒出液体把沉淀留在烧瓶底部，或用旋转蒸发仪去除盐酸仅留沉淀。小心地把沉淀转移到一个离心管中，用水洗 2 次。用丙酮冲洗沉淀以去除残留的水。

3. 在圆盘上固定沉淀用以 TL 检测

小心地洗净不锈钢盘，例如先用水洗，再用超声振动，再用丙酮洗 2～3 次，再用超声波二次处理，在烘箱内烘干，储藏在无尘环境中。用巴斯德移液器在丙酮中将沉淀转移至圆盘中。当沉淀悬浮液吸入移液器后，沉淀物会立即沉在移液器的出口处，然后就能逐滴地在盘子上滴加足够的量（允许丙酮挥发）。盘子在 50℃烘箱中处理过夜。

另一种滴加沉淀到盘子上的方法，转移丙酮沉淀悬浮液到一个或一系列平底管中，每个管中都事先放置了一个干净的不锈钢圆盘。把这些管放置在 50℃烘箱中处理过夜。丙酮将挥发干净，仅留沉淀物黏附在圆盘上。

沉淀物可以用硅酮喷雾固定在圆盘上。

4. 热释光（TL）检测

（1）总论

为比较不同的分析结果，应确定相等的检测条件。经常测定热发光检测仪的背景并确保它保持在同一水平上。清洁光学滤波器，用乙醇加热金属板（平底槽板）。

为减少假阳性的 TL，在每次测量时，用氮气冲洗加热槽，且保持固定的流动率。

（2）测量条件

下面的条件是目前所找到的满意的设置。

初始温度：70℃

升温速率：6℃/s

最终温度：350～500℃

(3)发光1的检测

把有沉淀附着的圆盘放置在 TL reader 的加热板上，并在特定的条件下使其发热发光。

(4)标准化辐照

在 Glow 1 检测之后，用辐射源的特定辐射光辐照有矿物堆积的圆盘。

对于那些为了便于商业应用而进行了1 kGy左右辐照的药草和香料及其混合物的检测；包括小虾和对虾在内的贝类的检测；新鲜和脱水的蔬菜、水果，多实验室检测的结果表明用一个^{60}Co γ射线辐射源进行约1 kGy的混合辐射是合适的。为了抑制生芽可对土豆进行在50～150 kGy的商业化辐射。多实验室对土豆的检测表明用^{60}Co γ射线辐射源的250 kGy来辐射符合标准。应注明TL限[步骤4中的(7)Glow2的TL限]和分类标准是由标准化的辐射来决定的。

注意：一些研究表明恰当地使用^{60}Co γ射线是可行的。

使用的标准辐照应由恰当的放射量来控制。

圆盘应以避免物质流失、避免暴露于光下或者交叉污染的形式放置。必须使放置在圆盘上的物质被辐射并能进行 Glow 2 的检测。并且同样应用于进行过 Glow 1 检测的物质。如果物质出现了明显的流失，则不能使用该圆盘。这可以通过对圆盘的视觉检测或者称重来判断。

辐射完圆盘后，在50℃烘箱中过夜，再进行 Glow 2 的检测。

(5)Glow 2 的检测

该检测过程和 Glow 1[步骤4中的(2)测量条件]相同。

(6)对于 MDL 的评价

全程基线由同一样品的同样多的待测量并经相同程序处理的样品的平行检测得到，计算 MDL。如果基线高则表明有污染。

(7)Glow 2 的 TL 限

在某一特定温度间隔内用 Glow 2 进行检测，MDL 少于10次的样品，不能判断其是否被辐射过。

如果 Glow 2 的 TL 接近检测的饱和限，弃去该样品并且用含有更少量物质的样品重新分析。或者使用限制性孔径或中等密度的过滤器来减少计数速度也是有效的(适用于 Glow 1 和 Glow 2)。

(四)数据分析

1.比值的计算

比值按如下公式计算：

$$f = \text{Glow 1} / \text{Glow 2}$$

式中：f 为积分面积比值；Glow 1 为第一次测量的发光曲线面积积分值；Glow 2 为第二次测量的发光曲线面积积分值。

计算结果保留到小数点后两位。

2.判定阈值

香辛料及脱水蔬菜是否辐照的判定阈值为 0.10。

若 $f \geqslant 0.01$，则判定样品经过辐照处理。

若 $f < 0.01$，则判定样品未经过辐照处理。

通过 TL 分析来鉴别被辐射的食物依赖于 TL 的发光率和发光曲线的形状。

评价 TL 的发光率所用的温度间隔在 150～250℃。绝对温度范围可以通过校准 TL 阅读器中的热电耦来检测。被辐射样品的 TL 发光率明显高于 0.1，而那些未被辐射的样品的该值则通常低于 0.1。

除了 TL 的发光率以外，对于发光曲线形状的解释在判定样品是否被辐射时也是必需的。通常情况下，被辐射物质的 Glow 1 曲线在 150～250℃范围内出现最大值，而低水平的自然放射能在高于 300℃产生 TL 信号（图 7-2 和图 7-3）。

注意：当只有样品的一部分被辐射的时候，比如当香料中混合了 1 至几种被辐射的物质时，TL 发光率可以降到 0.1 以下，而 Glow1 的形状明显地表现出被辐射过。

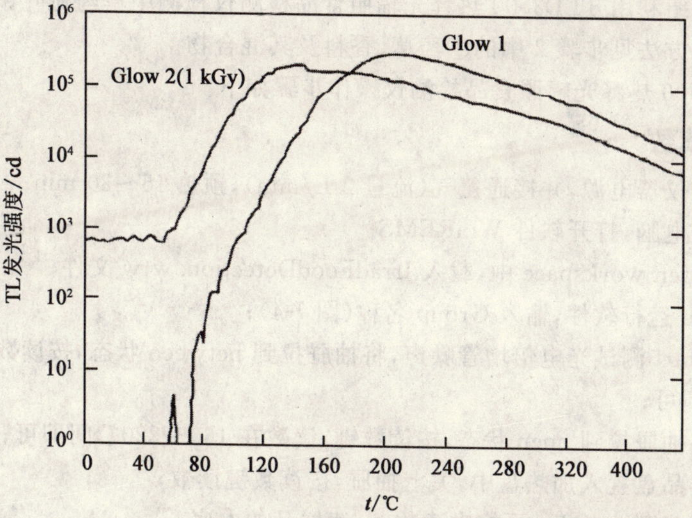

图 7-2 辐照样品的发光曲线

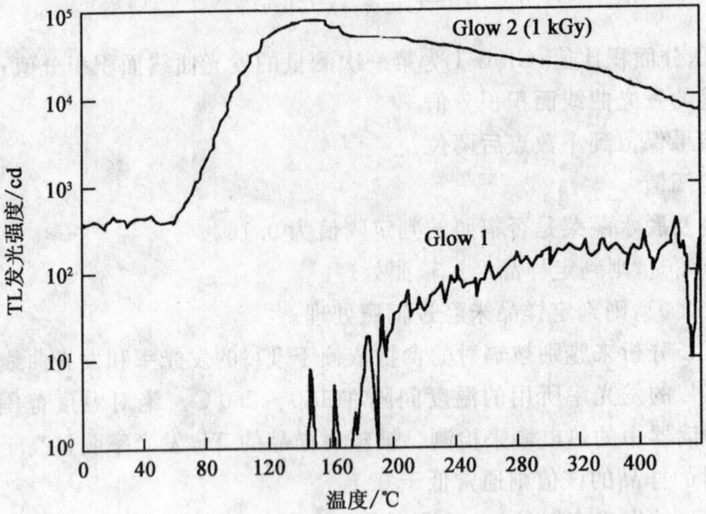

图 7-3 未辐照样品的发光曲线

三、应用

下面介绍利用 TLD3500 热释光辐照食品检测仪检测中草药荷叶。

前处理方法见步骤 2 中的①药草、香料及其混合物。

TLD3500 热释光辐照食品检测仪操作步骤如下。

(一)读数

①打开仪器电源,并接通氮气(流量 2 L/min),预热 15~20 min;

②打开电脑,打开软件 WinREMS;

③从 open workspace 中,载入 IrradFoodDetection. wrw 文件;

④点 go 运行软件,输入 Group 名称(图 7-4);

⑤点 start 测试光电倍增管噪声,将抽屉拉到 between 状态,按读数键,读数小于 1.0 nc 即可;

⑥再将抽屉拉到 open 状态,按读数键,读数在 160~220℃间即可;

⑦将样品盘置入加热盘中,关上抽屉,按读数键读数;

⑧温度降到 50℃后,再按次读数键,读样品的本底;

⑨取出样品盘,对其进行 1 000 Gy 的定量辐照;

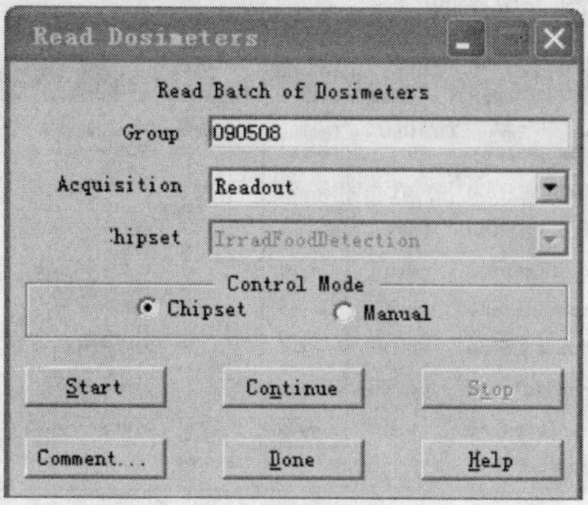

图 7-4　输入 Group 名称界面

⑩将辐照后的样品在此置入加热盘中，关上抽屉，按读数键读数；

⑪待温度降到 50℃后，再按次读数键，读样品的本底；

(二)数据导出

①点击软件“RSP”，选择相应 Group，按图 7-5 选择。

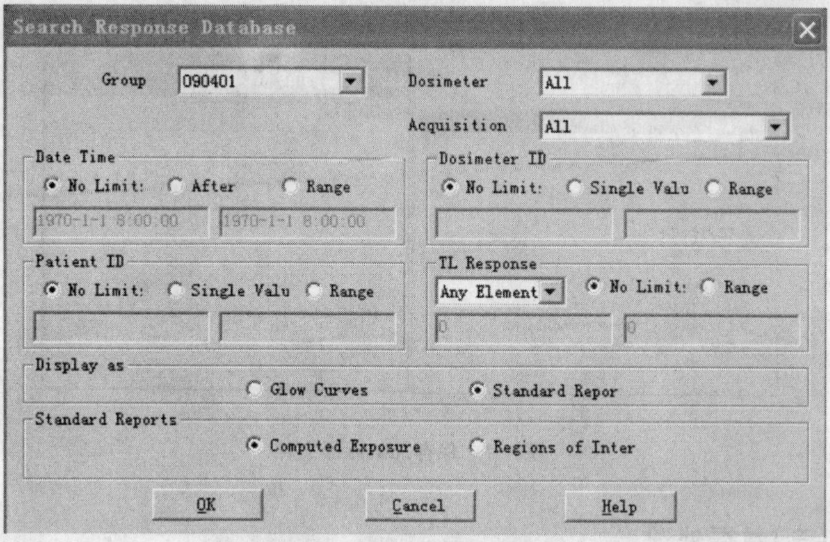

图 7-5　选择正确 Group 界面

②确认后，进入图 7-6 界面。

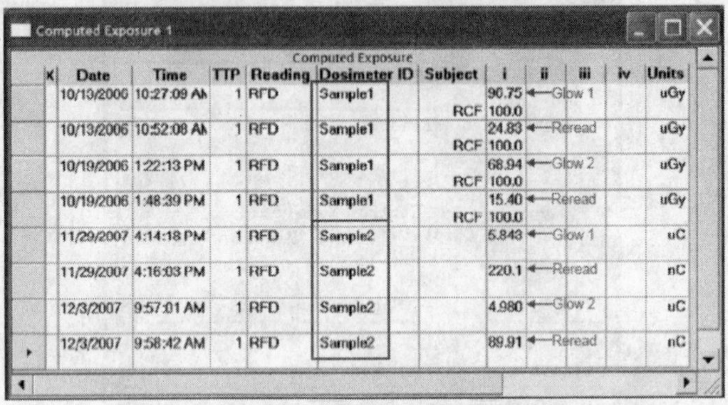

图 7-6 导出数据界面

③按住“Ctrl”键，选择同一个 ID 的 4 个数据，如 Sample1。

④点击“file”，从“Export”导出数据，并保存为 asc 格式。

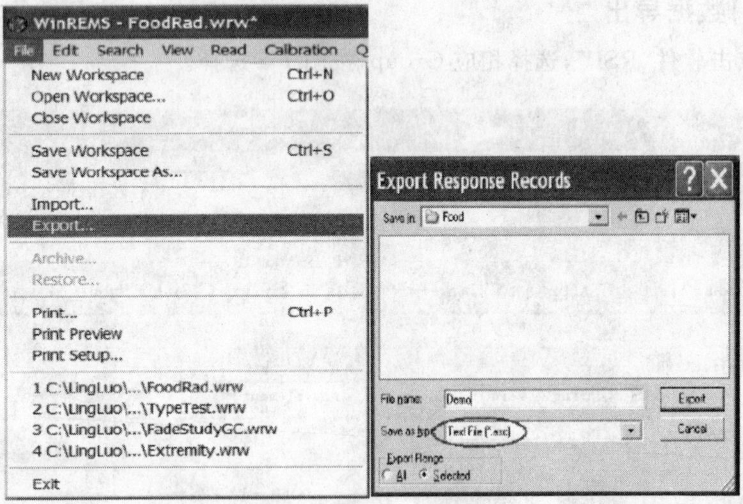

图 7-7 保存.asc 后缀文件

(三)数据处理

①打开数据处理模板 IrradiatedFoodDetection. xlt 文件(注意：第一次需要将

工具-宏-安全性，设置为低）。

②点击 Import & Sort 按钮，将刚才保存的 asc 文件载入，点击 Run ALL Sample 按钮即可。

③点击下方 Output 键，即可看见结果，如图 7-8 所示。

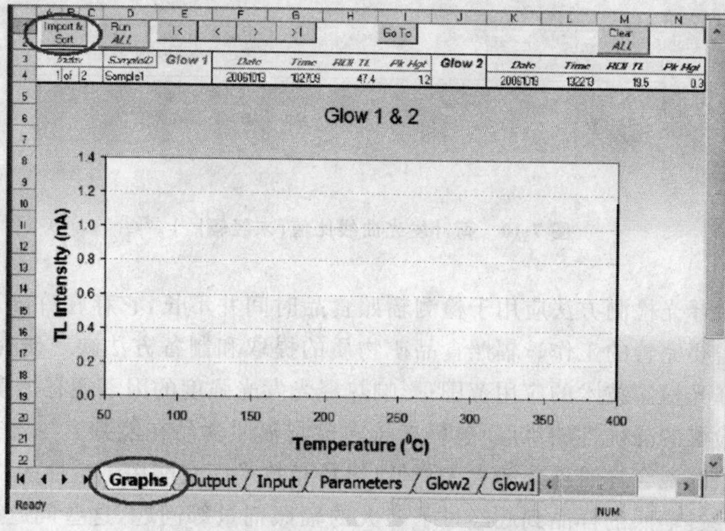

图 7-8 插入要分析 .asc 后缀文件

（四）判定

未经辐照的荷叶发光曲线见图 7-9。

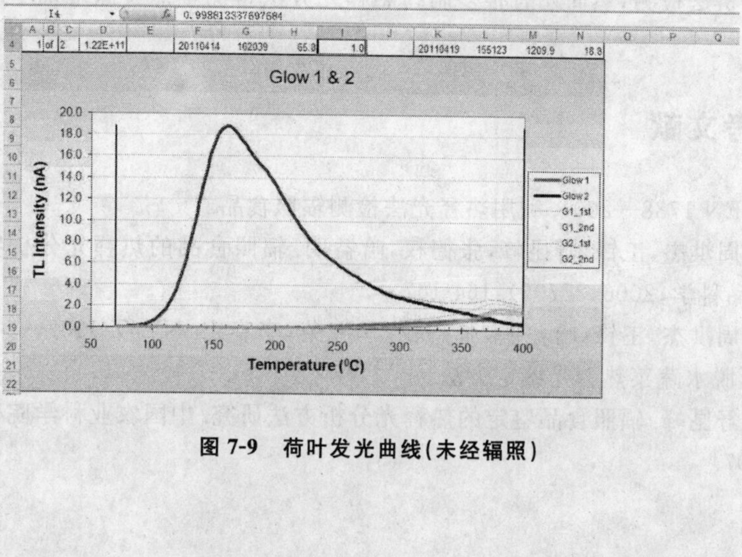

图 7-9 荷叶发光曲线（未经辐照）

比值 $f=$ Glow 1/ Glow 2＝0.054(图 7-10)。

香辛料及脱水蔬菜是否辐照的判定阈值为 0.10。

若 $f\geqslant 0.01$，则判定样品经过辐照处理。若 $f<0.01$，则判定样品未经过辐照处理。

	A	B	C	D	E	F	G	H	I	J	K	L	M	N	O
1	Sample ID	Date	Time	Glow No.	Total TL	Corrected ROI TL	ROI Range	Pk Hgt	Pk Temp	Pk Channel	FWHM				
2							⁰C	nA	⁰C	Channel No.	No. of Channels				
3															
7	1.22E+11	20110419	155123	Glow2	1285.063	1209.939	70 - 400	18.835	161.2	56	53				
8	1.22E+11	20110414	162039	Glow1	126.757	65.765	70 - 400	0.999	370.2	182	66				
9				Differences		-1144.17		-17.84	208.94	126.00					
10				Ratios		5.4%		5.3%							
11															
12															

图 7-10 荷叶发光曲线比值(未经辐照)

由于热释光检测方法应用于检测辐照食品时间并不长，它存在许多不足和大量的尚且需要完善的工作。辐照食品矿物质的提取和制备方法缺乏研究，这极大局限了热释光检测技术的应用范围；影响热释光发光强度的因素还有很多不清楚，这增加了检测的准确性的难度；热释光技术检测辐照食品在能判定一经过辐照的样和未辐照的混合样时准确率大大降低；热释光技术尚只能用于定性的检测，不能定量检测经过辐照的样品到底经过了多大的辐照剂量等问题，这些问题和不足需要大量的研究和证明。

热释光方法检测辐照食品成功应用于中草药、脱水或半干蔬菜、香辛料、土豆、新鲜或半干水果、小虾、对虾等多种能分离出硅酸盐物质的食品的检测判定。理论上由于所有暴露于土壤或风沙中的食品都含有矿物残存，几乎所有农产品都可用热释光分析法检测，然而还有很多制约热释光方法检测辐照食品准确率的因素尚不清楚。

参考文献

[1] EN 1788—2001. 利用热释光法检测辐照食品.

[2] 周洪杰，王锋，舒昆峰，张德权，哈益明. 辐照食品的热释光分析鉴定方法研究. 食品科学，2006，27(06)：164-167.

[3] 周洪杰，王锋，哈益明，张德权，李淑荣，李春宏. NY/T 1207—2006. 辐照香辛料及脱水蔬菜热释光鉴定方法.

[4] 舒昆峰. 辐照食品鉴定的热释光分析方法研究. 中国农业科学院硕士学位论文. 2007.

[5] Schreiber G A, Helle N, Schulzki G, Linke B, Spiegelberg A, Mager M and BogI K W. Interlaboratory tests to identify irradiation treatment of various foodstuffs via gas chromatographic detection of hydrocarbons, ESR spectroscopy and TL analysis. Detection Methods for Irradiated Foods—Current Status. Edited by: McMurray C H, Stewart E M, Gray R and Pearce J. Royal Society of Chemistry, Cambridge, UK, 1996: 98-107.

[6] Sanderson D C W, Carmichael L, Naylor J D and Fisk S. An international collaborative blind trial of thermoluminescence detection of irradiated shellfish, 1997, SURRC report to MAFF.

[7] Schreiber G A, Wagner U, Helle N, Ammon J, Buchholtz H-V, Delincee H, Estendorfer S, von Grabowski H-U, Kruspe W, Mainczyk K, Munz H, Schleich C, Vreden N, Wiezorek C and BogI K W. Thermoluminescence analysis to detectirradiated fruit and vegetables-an intercom parison study. Bericht des Instituts fur Sozialmedizin und Epidemiologie des Bundesgesundheitsamtes. SozEp-Heft 3/1993, German Federal Health Office (Bundesgesundheitsamt, Berlin).

[8] Sanderson D C W, Carmichael L, Naylor J D and Fisk S. An international collaborative blind trial of thermoluminescence detection of irradiated fruits and vegetables, 1997, SURRC report to MAFF.

[9] Marchioni E, Anklam E, Chabane S, Delincee H, Douifi L, Hungerbuhler H, Pelleau Y, Pinnioja S, Raffi J, Sanderson D, Wagner U. Detection by Thermoluminescence of an Irradiation Treatment of Five Species of Dehydrated Fruit and Vegetables. Report on a CTCPA/AIFLD International Interlaboratory Study. Edited by Marchioni, E. Delincee, H. Berichte der Bundesforschungsanstalt fur Ernahrung, 1999, BFE-R—99-02 (Bundesforschungsanstalt fur Ernahrung, Karlsruhe).

[10] Schreiber G A, Wagner U, Ammon J, Brunner J, Butz B, Carmichael L A, Delincee H, Eisen S, Fienitz B, Hammerton K, Helle N, Jahr D, Kispeter J, Klein H, Kruspe W, Kuhn T, Mainczyk K, Meyer H, Munz H, Nootenboom H, Pfordt J, Sanderson D C W, Schleich C, Vreden N, Zachaus U, Zoost C, BogI K W. An Interlaboratory Study on the Identification of Irradiated Potatoes and on the Estimation of Applied Doses by Thermoluminescence Analysis. Report of the Federal Institute for Health Protection of Consumers and Veterinary Medicine, 1997, BgVV-Hefte 13/1997 (Bundesinstitut fur gesundheitlichen Verbrauchers-

chutz und Veterinarmedizin, Berlin).

[11] Sanderson D C W. Luminescence detection of irradiated foods. Food Irradiation and the Chemist, edited by Johnston, D E and Stevenson M H. Royal Society of Chemistry, Cambridge, UK, 1990:25-56.

[12] Heide L, Guggenberger R and BogI K W. Application of thermoluminescence measurements to detect irradiated strawberries. J. Agric. Food Chem., 1990, 38:2160-2163.

[13] Autio T and Pinnioja S. Identification of irradiated foods by the thermoluminescence of mineral contamination. Z. Lebensm. Unters. Forsch., 1990, 191: 177-180.

[14] Goksu H Y, Regulla D F, Hietel B and Popp G. Thermoluminescent dust for identification of irradiated spices. Rad. Protect. Dosimetry, 1990, 34:319-322.

[15] Delincee H. Detection methods for irradiated food. Proceedings Symp. "Irradiation for the food sector", Saint-Hyacinthe (Quebec) Canada, 13 May, 1992, Agriculture Canada, 24-60.

[16] Sanderson D C, Carmichael L A, Clark P A and Clark R J. Development of luminescence tests to identify irradiated food. Final report on project N 1701. Thermoluminescence of irradiated fruits and vegetables, 1992, SURRC report to MAFF.

[17] Autio T and Pinnioja S. Identification of irradiated foods by thermoluminescence of the contaminating minerals. Recent advances on detection of irradiated food. Edited by Leonardi, M., Raffi, J. J., Belliardo, J.-J. BCR-Information. 1993, Luxembourg: Commission of the European Communities, 1993, (Report EUR/14315/en): 183-191.

[18] Pinnioja S, Autio T, Niemi E and Pensala O. Import control of irradiated foods by the thermolu? minescence method. Z. Lebensm. Untersuch. Forsch., 1993, 196:111-115.

[19] Pinnioja S. Suitability of the thermoluminescence method for detection of irradiated foods. Radiat. Phys. Chem., 1993, 42:397-400.

[20] Schreiber G A, Hoffmann A, Helle N and Bogl K W. Methods for routine control of irradiated food: determination of the irradiation status of shellfish by thermoluminescence analysis. Radiat. Phys. Chem., 1994, 43:533-544.

[21] Schreiber G A, Ziegelmann B, Quitzsch G, Helle N and Bogl K W. Luminescence techniques to identify the treatment of foods by ionizing radiation. Food Structure, 1993, 12: 385-396.

[22] MAFF: Detection of Irradiated Herbs and Spices. Ministry of Agriculture, Fisheries and Foods, London: MAFF validated methods for the Analysis of foodstuffs, 1992, V 27, 16 p., -also published as MAFF: Detection of Irradiated Herbs and Spices: Scottish Universities Research and Reactor Centre Procedure for Thermoluminescence Detection of Irradiated Herbs and Spices using renormalized separated minerals, J. Assoc. Publ. Analysts, 1993, 29: 187-200.

[23] Raffi J, Delincee H, Marchioni E, Hasselmann C, Sjoberg A-M, Leonardi M, Kent N, Bogl K W, Schreiber G A, Stevenson H and Meier W. Concerted Action of the Community Bureau of Reference on Methods of Identification on Irradiated Foods. BCR-lnformation. Luxembourg: Commission of the European Communities, 1994, (Report EUR/15261/en).

[24] Sanderson D C W, Carmichael L A, Ni Riain S, Naylor J and Spencer J Q. Luminescence studies to identify irradiated food. Food Sci. Technol. Today, 1994, 8: 93-96.

[25] Sillano O, Roman A, Deza A, Rubio T and Espinoza J. Application of thermoluminescence measurements to detect low dose gamma-irradiated table grapes. Radiat. Phys. Chem., 1994, 43: 585-588.

[26] Calderon T, Rendell H M, Beneitez P, Townsend P D, Millan A and Wood R. Thermoluminescence spectra of inorganic dust from irradiated herbs and spices. J. Food Sci., 1994, 59: 1070-1071.

[27] Raffi J, Fakirian A and Lesgards G. Comparison between electron spin resonance and thermolu-minescence in view of identification of irradiated aromatic herbs. Ann. Fals. Exp. Chim., 1994, 87: 125-134.

[28] Sanderson D C W, Carmichael L A and Naylor J D. Recent advances in thermoluminescence and photostimulated luminescence detection methods for irradiated foods. Detection Methods for Irradiated Foods—Current Status. Edited by McMurray, C. H., Stewart, E. M., Gray R and Pearce J. Royal Society of Chemistry, Cambridge, UK, 1996: 124-138.

[29] Hammerton K M and Banos C. Detection of irradiated spices by thermoluminescence analysis. Detection Methods for Irradiated Foods-Current Status.

Edited by McMurray, C. H., Stewart, E. M., Gray R and Pearce J., Royal Society of Chemistry, Cambridge, UK, 1996: 168-177.

[30] Roberts P B and Hammerton K M. Thermoluminescence detection of irradiated herbs and spices: An Australasian trial. Detection Methods for Irradiated Foods-Current Status. Edited by C. H. McMurray, E. M. Stewart, R. Gray and J. Pearce, Royal Society of Chemistry, Cambridge, UK, 1996: 178-181.

[31] Kawamura Y, Murayama M, Uchiyama S and Saito Y. Comparison of thermoluminescence detection methods for irradiated spices. Detection Methods for Irradiated Foods-Current Status. Edited by C. H. McMurray, E. M. Stewart, R. Gray and J. Pearce, Royal Society of Chemistry, Cambridge, UK, 1996: 149-157.

[32] Sanderson D C W, Carmichael L A, Spencer J Q and Naylor J D. Luminescence detection of shellfish. Detection Methods for Irradiated Foods-Current Status. Edited by C. H. McMurray, E. M. Stewart, R. Gray and J. Pearce, Royal Society of Chemistry, Cambridge, UK, 1996: 139-148.

[33] Calderon T, Correcher V, Millan A, Beneitez P, Rendell H M, Larsson M, Townsend P D and Wood R A. New data on thermoluminescence of inorganic dust from herbs and spices. J. Phys. D: Appl. Phys., 1995, 28: 415-423.

[34] Beneitez P, Correcher V, Millan A and Calderon T. Thermoluminescence analysis for testing the irradiation of spices. J. Radioanalyt. Nucl. Chem., 1994, 185: 401-410.

[35] Khan H M and Delincee H. Detection of irradiation treatment of dates using thermoluminescence of mineral contaminants. Radiat. Phys. Chem., 1995, 46: 717-720.

[36] Pinnioja S and Pajo L. Thermoluminescence of minerals useful for identification of irradiated seafood. Radiat. Phys. Chem., 1995, 46: 753-756.

[37] Polonia I, Esteves M P, Andrade M E and Empis J. Identification of irradiated peppers by electron spin resonance, thermoluminescence and viscosity. Radiat. Phys. Chem., 1995, 46: 757-760.

[38] Khan H M and Delincee H. Detection of radiation treatment of spices and herbs of Asian origin using thermoluminescence of mineral contaminants. Appl. Radiat. Isot., 1995, 46: 1071-1075.

[39] Sanderson D C W, Carmichael L A and Naylor J D. Photostimulated lu-

minescence and thermoluminescence techniques for the detection of irradiated food. Food Sci. Technol. Today,1995,9:150-154.

[40] Lesgards G,Fakirian A and Raffi J. Thermoluminescence identification of irradiated foodstuffs: LARQUA research. Detection Methods for Irradiated Foods-Current Status. Edited by C. H. McMurray,E. M. Stewart,R. Gray and J. Pearce,Royal Society of Chemistry,Cambridge,UK,1996:158-167.

[41] Leffke A,Helle N,Linke B,Bogl K W and Schreiber G A. Studies on detection of irradiated citrus fruit and grains:Germination and some other techniques. Recent advances on detection of irradiated food. Edited by Leonardi,M., Raffi,J. J. and Belliardo,J.-J. BCR-Information,Luxembourg:Commission of the European Communities,1993,(Report EUR/14315/en),111-121.

[42] Khan H M,Bhatti I A and Delincee H. Identification of irradiated pulses by thermoluminescence of the contaminating minerals. Radiat. Phys. Chem. 1998,52:145-149.

[43] Villavicencio A L C H,Mancini-Filho J and Delincee H. Application of different techniques to identify the effects of irradiation on Brazilian beans after six months storage. Radiat. Phys. Chem. 1998,52:161-166.

第八章　光激发光检测法

一、概述

光激发光检测法(photostimulated luminescence,PSL)也称作光释光检测法、激光成像检测法、光致光发光检测法和光刺激发光检测法,是一种检测周期短、操作简便、成本低廉的辐照食品检测方法,目前已广泛应用于草药、甲壳类动物、香料和调味品的检测中。

自然界中绝大多数的固体是晶体,而所有的晶体在空间结构(晶格)上都有缺陷(晶格缺陷)。辐照使矿物晶体电离,产生游离电子。一些游离电子被较高能态的晶格缺陷捕获后,成为陷获电子储存在陷阱中。在常温和没有光照的环境下,这些电子可储存几千甚至几万年的时间。一旦矿物晶体受到长波光激发时,陷获电子就可获得能量,以可见光的形式释放出来。光激发光检测法正是利用晶体这一特性开发出的辐照食品检测方法。

(一)原理

绝大多数食品是由农产品或动物产品原料制成,这些原料含有大量的矿物质,特别是硅酸盐或生物无机物质(如来自于贝壳或者动物外骨骼的方解石、来自于骨或牙齿的羟磷灰石)。在食品生产过程中,表面也会粘有微量的矿物质,这些矿物质能通过晶格缺陷捕获并储存电子。当食品受到激发光激发时,这些储存的能量会以光的形式释放出来,形成激发光谱。检测释放的光信号、记录光子数量并与设定的阈值进行比较即可判断食品是否经过辐照。

光激发光测定不会使食品产生物理性质或化学性质的改变,因此整个样品可以重复测量。但是如果重复测量一个样品,其激发光信号会衰减。

(二)国内外应用现状

光激发光检测法的原理由 Huntley 教授等于 1985 年提出,最早应用于地质测年领域,称为光释光测年法(optical stimulated luminescence,OSL),后来逐步被开发、应用于辐照食品检测领域。

欧洲标准化委员会(CEN)早在 2002 年就已制定了光激发光检测法的标准:

Foodstuffs—Detection of irradiated food using photostimulated luminescence(EN 13751—2002)用以规定光激发光检测法在成员国内部的使用。2009 年,CEN 修订了 EN 13751—2002 标准,并颁布了新的标准 EN 13751—2009。目前,CEN 的成员国共 31 名,包括 27 个欧盟国家:英国、法国、德国、意大利、荷兰、比利时、卢森堡、丹麦、爱尔兰、希腊、葡萄牙、西班牙、奥地利、瑞典、芬兰、马耳他、塞浦路斯、波兰、匈牙利、捷克、斯洛伐克、斯洛文尼亚、爱沙尼亚、拉脱维亚、立陶宛、罗马尼亚、保加利亚以及克罗地亚、冰岛、挪威、瑞士。

我国目前没有制定光激发光检测标准,在日常的检验工作中主要参照 EN 13751—2009 标准对食品进行检测。

(三)样品适用范围

光激发光检测法原则上适用于所有富含矿物质颗粒的食品辐照检测。目前已应用于草药、甲壳类动物、香料和调味品的检测中,对脱水蔬菜、脱水水果等粉末状和颗粒状的食品的检测也有较好的效果。

(四)优缺点

光激发光检测法检测前无需进行烦琐的前处理工作,检测时读数快速、简单,所需样品量少,检测成本低,适合样品的快速筛查。但是,该检测方法受样品表面矿物质颗粒类型和数量的影响,能检测的物质的范围较窄,无法应用于所有种类的食品。检测样品储藏期间如未注意避光保存,可能会对检测结果产生不良影响。目前影响光激发光检测法发展的最大障碍是其检测结果会出现假阴性和假阳性情况,需要其他检测法辅助确认。如何消除假阳性和假阴性的存在是光激发光检测法今后研究的重点方向。

二、方法

(一)仪器

检测时需要光刺激发光辐照食品检测仪和辐照设备。

目前,常用的光刺激辐照食品检测仪是由苏格兰大学研发的 PPSL 光刺激发光辐照食品检测仪(图 8-1)。该设备结构轻巧、操作界面简单明了,适合日常检测的需要。辐照设备可选用 ^{60}Co 辐照源、电子加速器或其他能提供 1 kGy 剂量辐照的辐照设备。

(二)步骤

光激发光检测法的检测步骤分为 4 部分:前处理、筛查 PSL 强度检测、校正

图 8-1 PPSL 光激发光辐照食品检测仪

PSL 强度检测和分级。筛查 PSL 强度检测是指对接收到的样品进行 PSL 检测，并根据预先设定的阈值将样品分为阴性、中间值和阳性三级，初步筛查样品是否经过辐照。校正 PSL 指筛查检测后对样品处以一定剂量(通常为 1 kGy)的辐照，然后在室温下静置过夜，再进行 PSL 检测，并根据预先设定的阈值将样品分为阴性、中间值和阳性三级，以判定样品对 PSL 的敏感性。分级是指：结合筛查 PSL 和校正 PSL 的结果，将样品分为阳性(样品经过辐照)、阴性(样品未经辐照)和无法判断(可能是检测出现错误或者需要其他检测方法确证)三级。

(1)前处理

在避光条件下采样、制样。香辛料、草药、调味品和脱水蔬菜经简单切割后两等分，每份都均匀铺在 5 cm 一次性的培养皿底部，尽量铺厚一些，以减少本底对检测的影响。可抖动盘子，使下面的矿物质暴露在表面。如果检测后发现两个样品的分级不一致，应再制备 4 个等份样品进行 PSL 检测，并依据数值最大的两个结果对样品分级。

贝壳类动物的肠子是一条细黑管，可以在对虾或小虾的凸面或者软体动物内部找到。使用解剖刀，将肉切开后用镊子去除肠管。对于贝壳类样品，应制备 6 等份样品进行检测，最好能将肠管(6 个/盘)剥离出来检测。

(2)筛查 PSL 强度检测

筛查 PSL 强度检测是指将处理后的样品放入光激发光辐照食品检测仪检测，记录光信号，再将检测到的光信号水平与定义的两个阈值(T_1、T_2)进行比较。光信号强度由光子数量来表示。单位时间内记录的光子个数越多，光信号越强。反之，光信号越弱。双阈值概念提供了一个极为有效的筛查手段。

EN 13751—2009 标准中香辛料、草药、脱水蔬菜和调味品的阈值应设定为

$T_1=700$ 个计数/60 s，$T_2=5\ 000$ 个计数/60 s。贝壳类阈值应设定为 $T_1=1\ 000$ 个计数/60 s，$T_2=4\ 000$ 个计数/60 s。如果测定结果$<T_1$，样品分级为阴性；$T_1\leqslant$测定结果$\leqslant T_2$，为中间值；检测结果$>T_2$，为阳性。筛查 PSL 的目的是检测样品原始状态下的情况，初步筛查样品是否经过辐照。筛查 PSL 结果有三种：阴性、中间值和阳性。

筛查结果如果是阴性，需进行校正 PSL 强度检测。如结果为中间值，则说明样品可能经过辐照处理、样品来源于高本底地区或者与其他被辐照物质混合。这种情况下，也应进行校正 PSL 强度检测。如果结果为阳性，可初步判定样品经过辐照。但对于来自高本底地区且本身对光激发敏感的未辐照样品，也会得出阳性结果。这种情况下，最好也进行校正 PSL 强度检测，来确认判定结果。所以，为了保证检测结果的准确性，所有检测都应进行校正 PSL 强度检测。

(3)校正 PSL 强度检测

校正 PSL 对样品的分级有着重要意义。因为如果样品对光激发不敏感，那么样品即使经过了辐照，在筛查 PSL 强度检测中也不会显示阳性。校正 PSL 强度检测可检查出样品是否对光激发敏感。经校正辐照后，如果样品的校正 PSL 强度检测为阳性，说明样品对光激发敏感。如果为中间值或阴性，说明样品对于光激发不敏感，这样的样品需用其他检测方法检测，以确定其是否经过辐照处理。

校正 PSL 强度检测是指对经过筛查 PSL 强度检测的样品，进行特定剂量的校正辐照后(通常为 1 kGy)，再使用光激发发光辐照食品检测仪检测，记录光信号，再将检测到的光信号水平与定义的两个阈值进行比较。与筛查 PSL 强度检测的结果一样，校准 PSL 结果也分为阴性、中间值和阳性三种。经过高剂量辐照处理的样品再经校正辐照后，其光信号强度只有轻度增加，而未经辐照处理的样品其光信号强度则会有明显增加。

如果校正结果为阳性，说明样品为高敏感性的食品；结果为阴性或中间值，则说明样品为低敏感性的食品。

(三)数据分析

分级是指根据筛查 PSL 强度检测和校正 PSL 强度检测的结果来判断样品是否经过辐照，或者是否需要其他检测方法来辅助确认。EN 13751—2009 中对样品的分级有着详细的规定，但是叙述较为烦琐。为了便于读者的理解和应用，本书将分级方法列表总结。

筛查结果有 3 种，校准结果有 3 种，一共有 9 种组合。这 9 种组合又可细分为 12 种情况。根据这 12 种情况对样品进行分级。表 8-1 为根据这 12 种情况制定的分级表。

表 8-1　光激发光检测分级表

组合号	筛查结果	校正结果	分　级
1	—	—	无法分级，需其他方法确认
2	0	0	阳性
3	—	0	其他方法确认
4	++	0	错误
5	$+(\approx T_2)$	0	重新检测/其他方法确认
6	+	+	阳性
7	$+(\approx T_2)$	$+(\approx T_2)$	无法分级，需其他方法确认
8	—/0	+(>>筛查结果)	阴性
9		>>筛查结果	无法分级，需其他方法确认
10		<<筛查结果	错误
11	—	+	阴性
12	+/0	—	错误

注：$-<T_1$；$T_1 \leqslant 0 \leqslant T_2$；$+>T_2$；$++ \gg T_2$。阳性：样品经过辐照；阴性：样品未经辐照；错误：检测有误，需重新检测；重新检测：检测需要重新进行；其他方法确认：光激发光检测法无法对样品进行分级，需用其他有效方法对样品检测分级。

（四）注意事项

①由于光激发光检测的原理是利用光激发使储存的能量释放出来，因此光线会对测量结果产生不利的影响，所以所有步骤均应在避光条件下完成。

②阈值是根据多实验检测结果和实际操作经验设置的。在特殊情况下需要根据物质对光激发的敏感度、仪器的灵敏度和样品情况（培养皿大小）进行调整。曾有实验显示辣椒、肉豆蔻和丁香对光激发相对不敏感，需要调整阈值才能得到正确的结果。

③必须进行空样品室检测以确保样品室未受污染。至少应在每检测 10 个样品和发现阳性结果后进行空仓检验。

④单一成分的食品可以获得最佳的检测效果。咖喱粉等混合食品以及混合物含有对光激发灵敏度较高的矿物残渣，从而干扰校正 PSL 的结果。

⑤样品中的盐可在一定程度上影响光信号强度的检测，使其他物质成分的信号被掩盖。样品水化后再次测量能识别和校正这种情况。

三、应用

为了便于读者了解光激发光法的检验程序，本书选用具有代表性的某调味品为实例来讲解光激发光法在实际中的应用。

该调味品为粉末状，拥有良好的包装，以保证在运输和扦样过程中不被污染和避光。

1. 样品制备

在避光条件下，超净工作台中，三等分样品；并将样品倒入5 cm一次性培养皿中；抖动培养皿，使其样品均匀铺在培养皿底部；样品厚度应超过培养皿上的刻线。

2. 筛查PSL强度检测

按照EN 13751—2009标准，首先设定阈值，T_1（low threshold）为700，T_2（high threshold）为5 000；其次设定每个计数周期（cycle time）为1 s，共有60个计数周期（No of cycles）；最后输入样品名称（run name）。系统自动生成样品编号和检测时间。

样品检测前，先按照系统预先设定好的步骤进行黑暗计数（dark count，空样品室无激发时光倍增管测得的光子计数率）和光亮计数（light count，样品室用参考光源得到的光子计数率）以检测本底。然后，将样品放入样品仓中，开始读数。读数结果（一号样品）如下：

Run name：	调味品BI	Sample no：	001
Cycle time：	1 s	No of cycles：	60
Dark count：	22 c/s	Light count：	24 c/s
Low threshold：	700 counts	High threshold：	5 000 counts

Time (s)	Total count	Counts per cycle
1	239 +/− 16	−17 +/− 6
2	248 +/− 17	9 +/− 6
3	250 +/− 18	2 +/− 5
4	280 +/− 19	30 +/− 7
5	264 +/− 19	−16 +/− 6
6	292 +/− 21	28 +/− 7
7	310 +/− 22	18 +/− 6

8	311 +/— 22	1 +/— 5
9	294 +/— 22	—17 +/— 6
10	309 +/— 23	15 +/— 6
11	328 +/— 24	19 +/— 6
12	343 +/— 25	15 +/— 6
13	349 +/— 25	6 +/— 5
14	359 +/— 26	10 +/— 6
15	360 +/— 26	1 +/— 5
16	379 +/— 27	19 +/— 6
17	371 +/— 27	—8 +/— 5
18	360 +/— 27	—11 +/— 6
19	370 +/— 28	10 +/— 6
20	375 +/— 29	5 +/— 5
21	387 +/— 29	12 +/— 6
22	390 +/— 30	3 +/— 5
23	378 +/— 30	—12 +/— 6
24	375 +/— 30	—3 +/— 5
25	387 +/— 31	12 +/— 6
26	386 +/— 31	—1 +/— 5
27	396 +/— 31	10 +/— 6
28	396 +/— 32	0 +/— 5
29	399 +/— 32	3 +/— 5
30	404 +/— 33	5 +/— 5
31	392 +/— 33	—12 +/— 6
32	405 +/— 33	13 +/— 6
33	414 +/— 34	9 +/— 6
34	419 +/— 34	5 +/— 5
35	416 +/— 34	—3 +/— 5
36	406 +/— 35	—10 +/— 6

37	417 +/－ 35	11 +/－	6
38	428 +/－ 36	11 +/－	6
39	432 +/－ 36	4 +/－	5
40	427 +/－ 36	－5 +/－	5
41	416 +/－ 36	－11 +/－	6
42	414 +/－ 37	－2 +/－	5
43	411 +/－ 37	－3 +/－	5
44	418 +/－ 37	7 +/－	5
45	418 +/－ 38	0 +/－	5
46	425 +/－ 38	7 +/－	5
47	428 +/－ 38	3 +/－	5
48	436 +/－ 39	8 +/－	5
49	431 +/－ 39	－5 +/－	5
50	434 +/－ 39	3 +/－	5
51	429 +/－ 39	－5 +/－	5
52	435 +/－ 40	6 +/－	5
53	442 +/－ 40	7 +/－	5
54	441 +/－ 40	－1 +/－	5
55	440 +/－ 41	－1 +/－	5
56	436 +/－ 41	－4 +/－	5
57	444 +/－ 41	8 +/－	5
58	447 +/－ 42	3 +/－	5
59	460 +/－ 42	13 +/－	6
60	455 +/－ 42	－5 +/－	5

Terminal count ＝ 455 +/－　42 (Negative)

读数结果为 $455\pm42<T_1$，筛查 PSL 强度检测结果为阴性。筛查 PSL 强度检测结束后，样品被拿去进行 1 kGy 的校准辐照。辐照后，再进行读数，结果如下：

Run name：	调味品 AI	Sample No：	001
Cycle time：	1 s	No of cycles：	60
Dark count：	18 c/s	Light count：	16 c/s
Low threshold：	700 counts	High threshold：	5 000 counts

Time (s)	Total count	Counts per cycle
1	573 +/− 24	317 +/− 18
2	832 +/− 29	259 +/− 17
3	1080 +/− 34	248 +/− 16
4	1327 +/− 37	247 +/− 16
5	1594 +/− 41	267 +/− 17
6	1805 +/− 44	211 +/− 15
7	2014 +/− 46	209 +/− 15
8	2249 +/− 49	235 +/− 16
9	2411 +/− 51	162 +/− 13
10	2612 +/− 53	201 +/− 15
11	2803 +/− 55	191 +/− 14
12	2979 +/− 57	176 +/− 14
13	3113 +/− 58	134 +/− 12
14	3354 +/− 60	241 +/− 16
15	3563 +/− 62	209 +/− 15
16	3744 +/− 63	181 +/− 14
17	3901 +/− 65	157 +/− 13
18	4116 +/− 67	215 +/− 15
19	4301 +/− 68	185 +/− 14
20	4452 +/− 69	151 +/− 13
21	4623 +/− 71	171 +/− 14
22	4773 +/− 72	150 +/− 13
23	4923 +/− 73	150 +/− 13

24	5102 +/-	74	179 +/-	14
25	5323 +/-	76	221 +/-	15
26	5456 +/-	77	133 +/-	12
27	5604 +/-	78	148 +/-	13
28	5754 +/-	79	150 +/-	13
29	5982 +/-	81	228 +/-	16
30	6139 +/-	82	157 +/-	13
31	6270 +/-	83	131 +/-	12
32	6429 +/-	84	159 +/-	13
33	6574 +/-	85	145 +/-	13
34	6726 +/-	86	152 +/-	13
35	6853 +/-	87	127 +/-	12
36	7023 +/-	88	170 +/-	14
37	7166 +/-	88	143 +/-	13
38	7294 +/-	89	128 +/-	12
39	7451 +/-	90	157 +/-	13
40	7583 +/-	91	132 +/-	12
41	7713 +/-	92	130 +/-	12
42	7872 +/-	93	159 +/-	13
43	7990 +/-	94	118 +/-	12
44	8116 +/-	94	126 +/-	12
45	8250 +/-	95	134 +/-	12
46	8362 +/-	96	112 +/-	11
47	8487 +/-	97	125 +/-	12
48	8606 +/-	97	119 +/-	12
49	8741 +/-	98	135 +/-	12
50	8850 +/-	99	109 +/-	11
51	8958 +/-	99	108 +/-	11
52	9087 +/-	100	129 +/-	12

53	9191 +/− 101	104 +/− 11
54	9297 +/− 101	106 +/− 11
55	9389 +/− 102	92 +/− 10
56	9538 +/− 103	149 +/− 13
57	9665 +/− 103	127 +/− 12
58	9772 +/− 104	107 +/− 11
59	9913 +/− 105	141 +/− 13
60	10026 +/− 105	113 +/− 11

Terminal count = 10026 +/− 105 (Positive)

读数结果为 $10026\pm105>T_2$，结果为阳性。对照分级表可知，该样品分级为阴性，未经辐照。

四、小结

光激发光检测法在检测前不需要烦琐的前处理工作，且检测时读数快速、简单，所需样品量少，检测成本低，是适合富含矿物质颗粒的食品辐照检测的快速筛查方法。但是，该检测方法受样品表面矿物质颗粒类型和数量的影响，目前只应用于草药、甲壳类动物、香料和调味品的检测中，对脱水蔬菜、脱水水果等粉末状和颗粒状的食品的检测也有较好的效果。

检测样品储藏期间如未注意避光保存，可能会对检测结果产生不良影响。目前影响光激发光检测法发展的最大障碍是其检测结果会出现假阴性和假阳性情况，需要其他检测法辅助确认。如何消除假阳性和假阴性的存在是光激发光检测法今后研究的重点方向。

参考文献

[1] 欧盟标准 EN 13751—2009.

[2] Sanderson D C W, Carmichael L and Fisk S. Establishing luminescence methods to detect irradiated foods. Food Science and Technology Today, 1998, 12(2):97-102.

[3] Sanderson D C W. Luminescence Detection of Irradiated Foods//Johns-

ton D E, Stevenson M H. Food Irradiation and the Chemist. Royal Society of Chemistry, ISBN 0851868576, 1990:25-56.

[4] Sanderson D C W, Carmichael L A and Naylor J D. Photostimulated luminescence and thermoluminescence techniques for the detection of irradiated food. Food Science and Technology Today, 1995, 9(3):150-154.

[5] Sanderson D CW, Carmichael L A and Naylor J D. Recent Advances in thermoluminescence and photostimulated luminescence detection methods for irradiated foods// McMurray C H, Stewart E M, Gray R and Pearce J. Detection Methods for Irradiated Foods—Current Status. Royal Society of Chemistry, Cambridge, UK, 1996:124-138.

[6] Hutt G and Jaek I. Infrared stimulated photoluminescence dating of sediments. Ancient TL, 1989, 7(3):48-52.

[7] Huntley D J, Godfrey Smith D I and Thewald M L W. Optical Dating of Sediments. Nature, 1985, 313:105-107.

[8] Sanderson D C W. Photostimulated luminescence (PSL): A new approach to identifying irradiated foods // Raffi J, Belliardo J J. Potential New Methods of Detection of Irradiated Food, EUR 13331, 1991:159-167.

[9] Sanderson D C W and Clark R J. Pulsed photostimulated luminescence of alkali feldspars. Radiat. Meas., 1994, 23(2/3):633-639.

[10] Clark R J and Sanderson D C W. Photostimulated luminescence excitation spectroscopy of feldspars and micas. Radiat. Meas., 1994, 23(2/3):641-646.

[11] Sanderson D C W. Detection of Irradiated Samples. Patent No. 93-8542 GB 9308542, 1993.

[12] Sanderson D C W. Detection of Irradiated Samples. UK Patent No. 2, 291,707, 1997.

[13] European Patent. Detection of Irradiated Samples. EP 0 699 299 B1, 1999.

[14] EN 1784. Foodstuffs — Detection of irradiated food containing fat — Gas chromatographic analysis of hydrocarbons.

[15] EN 1785. Foodstuffs — Detection of irradiated food containing fat — Gas chromatographic/mass spectrometric analysis of 2-alkylcyclobutanones.

[16] EN 1786. Foodstuffs — Detection of irradiated food containing bone —

Method by ESR spectroscopy.

[17] EN 1787. Foodstuffs — Detection of irradiated food containing cellulose — Method by ESR spectroscopy.

[18] EN 1788. Foodstuffs — Thermoluminescence detection of irradiated food from which silicate minerals can be isolated.

[19] 王峰,王志东,周洪杰,等. 辐照食品检测与标准[J]. 安全与检测,2009,25(5):142-144.

[20] 汪海燕,徐晓洁,叶庆富. 辐照食品检测技术的研究进展[J]. 核农学报,2004,18(2):137-141.

[21] 高美须,哈益明,周洪杰. 国内外食品辐照标准现状及发展建议[J]. 农业质量标准,2004,1:26-38.

[22] 段振华. 现代高新灭菌技术及其在食品工业中的应用研究[J]. 中国食物与营养,2006,9:28-30.

[23] 张奇志,王文亮,孙宏春. 我国辐照食品的研究现状及发展前景[J]. 中国食品与营养,2007,2:29-31.

[24] 冯敏,刘春泉,朱佳廷. 辐照食品鉴定方法研究进展及展望[J]. 江苏农业科学,2007,6:271-274.

第九章　含晶体糖的食品电子自旋共振技术(ESR)检测法

一、概述

(一)原理

电子自旋共振(electron spin resonance,ESR)或电子顺磁共振(electuonparamagnetic resonance,EPR)是20世纪40年代年发展起来的用于检测和研究具有未成对电子的化合物(仪器装置见图9-1)的方法。对自由基来说,电子的自旋磁矩

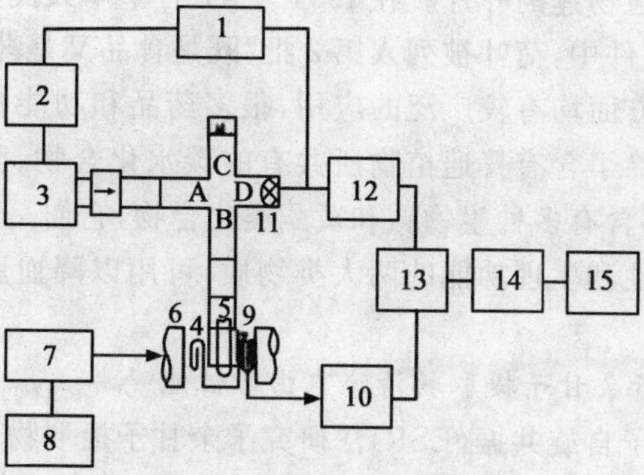

图9-1　ESR光谱仪器示意图

1.自动频率控制　2.速调管电源　3.速调管振荡器　4.共振室　5.样品室　6.电磁铁　7.磁铁电源　8.磁场扫描　9.调制线圈　10.扫描发生器　11.晶体检测器　12.放大器　13.相敏检测器　14.积分器　15.记录器　A、B、C、D.微波桥

约占99%,而轨道磁矩仅占1%,在处理时,若把轨道磁矩忽略,只考虑电子自旋磁矩的贡献,这时就称为ESR。若同时对电子的自旋磁矩和轨道磁矩都考虑在内,就称为EPR。ESR的主要研究对象是含有未成对电子的自由基与过渡金属离子及其化合物。其原理是检测在两个电子的自旋Zeeman能级间的共振吸收:

$$h\gamma = g\mu_B B$$

式中：h 为 Planck 常数；μ_B 为 Bohr 磁子；g 为分裂因子。

一般情况下 ESR 谱不是单一的一条谱线，由于自由基电子与邻近的磁性核相互的作用，使其具有超精细结构。尽管 ESR 波谱仪具有亚微秒量级以上的时间分辨力，但由于绝大多数自由基性质活泼，半衰期短，在直接利用 ESR 波谱仪测量上存在困难。直到自旋捕集技术的建立，才为化学反应中的自由基中间体及半衰期小的自由基的 ESR 检测提供了可能。自旋捕集技术是利用捕集剂与短寿命自由基结合生成相对稳定的自旋加合物，但自旋加合物的寿命仍然很短，只有几分钟到几十分钟，必须在捕集自由基后立即进行 ESR 测量。

(二)ESR 在食品分析中的应用

1. ESR 法在研究自由基清除能力中的应用

一般研究一种物质对氧自由基的清除效果主要是研究其对羟基自由基(—OH)和超氧阴离子自由基(O_2^-)的清除效果。

(1)ESR 法分析荷叶提取物清除自由基性能

荷叶为睡莲科植物莲的叶片。在 1991 年 11 月中华人民共和国卫生部的卫监发(1991)第 45 号文件中，荷叶被列入第 2 批“既是食品又是药品”的名单之中。荷叶在食用及药用两方面均有较广泛的应用，很多药品和功能食品中都含有荷叶或荷叶水提物。荷叶除了含有普通植物所共有的碳水化合物、脂质、蛋白质、单宁等常规化学成分外，还含有多种生物碱和黄酮类化合物，它们是荷叶的众多化学成分中具有明显生物活性和生理功能的两大类物质，可用以降血脂和胆固醇以及用于治疗肥胖病。

(2)ESR 法分析余甘子提取物清除自由基性能

有学者采用电子自旋共振(ESR)法研究了余甘子提取物的抗自由基性能。以 DPPH(1,1-二苯基-2-苦基肼自由基，$C_{18}H_{12}N_5O_6$)为自由基发生物，在试样条件下加入野生植物余甘子提取物样品，用电子顺磁共振法检测 DPPH 产生的 DPPH 自由基信号及加入余甘子提取物样品后 DPPH 自由基减少后的信号。根据谱峰高度的相对变化，可以估算自由基数量的变化，反映余甘子提取物的自由基清除能力。对 DPPH 空白及 DPPH＋余甘子提取物样品进行检测，得到顺磁共振图谱，根据测量图谱峰高，可以比较余甘子提取物样品液的氧自由基的清除率，实验结果表明余甘子提取物具有较好的自由基清除作用。新的抗自由基性能检测方法简便易行，适用快速。

(3)ESR 法分析荞麦提取物清除自由基性能

荞麦具有防治高血压、冠心病、糖尿病与内出血及抗癌、抗衰老、降血脂等多种功能。

普遍认为这些功能与荞麦中富含类黄酮物质有关。一些研究已证明，结构不同的类黄酮物质有不同的清除氧自由基效果。张美莉等采用电子自旋共振及自旋捕获技术，探讨荞麦蛋白质提取物和类黄酮提取物清除活性氧自由基的作用，结果显示，荞麦蛋白质和类黄酮提取物均有较好的清除氧自由基功能。

(4)ESR 法分析生育酚模型化合物

生育酚类模型化合物是以 6-羟基色满环为母核的一系列衍生物。这类衍生物具有良好的抗氧化性，能够清除人体新陈代谢和有机物自然老化过程中产生的活性氧，广泛应用于医药、化工、感光材料、食品等行业。生育酚类模型化合物的抗氧化机制和结构与性能关系的研究近 20 年来取得了显著的进展。有人采用电子自旋共振(ESR)技术对新合成的两个生育酚模型化合物，由引发剂二叔丁基过氧化物引发产生的色满酚氧自由基进行了考察，并结合前期的研究结果，进一步对其 C-4 位取代基效应进行了讨论，研究了氧杂环上取代基对其抗氧化活性的影响。

2. ESR 在啤酒分析中的应用

啤酒作为饮料酒，其风味特征主要通过感官品尝进行评价。随着啤酒生产规模化、集团化发展，仅靠专业评酒人员进行感官品尝难以达到控制产品品质的目的。利用现代仪器分析技术对啤酒品质进行监控，保持啤酒风味一致性，是啤酒行业发展的趋势。随着对啤酒风味物质研究越来越重视，目前已采用 GC-MS、GC 气味检测法与 GC-MS 结合及电子自旋共振(ESR)技术对啤酒酿造过程及原料中的风味化合物和异味组分进行分析。利用电子自旋共振光谱技术，可以测定啤酒的内抗氧化活性及 · OH 基团产生活性。严敏等利用自旋捕集技术，采用电子自旋共振仪研究了啤酒经保温产生自由基以及啤酒清除二苯基苦基肼自由基(DPPH)的过程，结果表明：啤酒具有产生和清除自由基的双重性质，探讨了啤酒酿造及贮存过程中易于形成自由基和发生自由基链反应的工艺阶段，以及清除自由基的物质及来源。

在生产实践中，该技术可对酿造工艺对啤酒风味稳定性的影响进行分析，达到预测和改善啤酒风味稳定性的目的。将 ESR 技术应用于啤酒新鲜度管理中，与化学发光技术、老化风味醛类测定技术相结合，可以定量分析啤酒的新鲜度，而且得到的新鲜度值与感官品评有很好的相关性。

3. ESR 法在卷烟烟气分析中的应用

卷烟烟气中的瞬态自由基对人体健康是相当有害的，而检测活性自由基最常用的方法是自旋捕获方法。有研究用电子自旋共振法对香烟烟气中的自由基进行分析的样品处理方法及 ESR 检测方法。吕玉光等采用 ESR 技术对能够直接在水溶液中捕捉烟气中烷基自由基与羟基自由基的高效新型捕捉剂 DEPMPO 进行了研究，并未发现烷氧自由基加合物。DEPMPO 对活性自由基的捕捉能力和加合物 ESR 谱图解析特征性都优于以往研究所采用的自由基捕捉剂 PBN 与 DMPO。

4. ESR 在辐照食品分析中的应用

由于超精细相互作用的出现大大提高了顺磁共振技术的价值，使得根据电子顺磁共振谱鉴定自由基成为可能。电离辐射是产生自由基的重要手段，在电离辐射作用下形成的原初产物——激发分子、正离子和电子都能进一步反应产生自由基。ESR 法可用于检测贮存食品中产生的自由基是否稳定。一般来说，自由基的寿命很短，它们通过自由基相互反应很快消失，尤其液态下很不稳定。这些自由基对应用电子自旋共振法检测辐照食品意义不大。

因此，为了检测辐照食品，自由基的 ESR 信号必须满足几个要求：

①ESR 信号必须是稳定的，或者至少在通常的贮藏时间内是稳定的；

②在较长时间贮藏后，辐照样的 ESR 信号必须仍能与未辐照样品的 ESR 信号清楚地区分；

③信号强度必须正比吸收剂量，这样可利用这种关系估测受照样品的吸收剂量。

所以只有一些固态或干硬物成分（如干燥固体样品或含有硬组织，如骨头、钙化的表皮、硬果壳、籽、核等）的食品体系，辐照在其上产生的自由基因扩散困难，相互反应受到限制，自由基通常有较长的寿命，它们对辐照食品的检测具有实际意义。过去和最近的研究结果都表明，ESR 方法可成功地用于某些含骨头或钙化组织的辐照食品的检测，也可用于其他的干燥食品和香辛料调味品的辐照检测。

（三）国内外应用现状

在商业性辐照加工鸡骨和猪肉产生的自由基，其 ESR 信号强度随剂量线性增加。有人对市售食品（大米、面粉、奶粉、辣椒、香肠、火腿）经 γ 辐照后产生的自由基进行了 ESR 波谱研究，不同样品 ESR 信号强度与剂量均有一定的相关，同时研究了信号衰变规律，为探索辐照食品 ESR 研究打下了基础，为建立 ESR 方法检测辐照食品提供了依据。

根据电子自旋共振（ESR）仪可测定自由基含量的原理，科研工作者研究了未辐照和经 $(3\sim20)\times10^3$ Gy 辐照的奶粉、面粉、大米、辣椒的 ESR 谱特征及不同贮存期（3～102 天）ESR 峰值的变化规律。结果显示辐照食品具有各自特定的 ESR 信号特征峰，辐照后产生较强的 ESR 信号特征峰，其信号强度与辐照剂量成正比，随贮存时间的增长而减弱，辐照后产生的 ESR 特征峰是不可逆的。根据辐照食品 ESR 特征峰值与未辐照食品无 ESR 峰或 ESR 峰值较弱这一明显特征，可以定性鉴别辐照食品。不仅在辐照当时能检出是否经过辐照，而且在辐照后的较长时间内进行ESR测定，均可显见辐照痕迹。研究表明，使用ESR方法测定辐照食品的方法是确实可行的，该方法快速、准确、灵敏，重复性强，为确认辐照食品和辐照剂量估算开辟了一条新的途径。

Chawla等已进行了ESR信号感应对羊骨辐照结果产生影响的大量因子的研究，结果表明信号随辐照剂量增加而增强，且样品与处理方法对光谱的吸收峰也有一定影响。ESR检测法还可用于含结晶糖辐照食品的检测。辐照后样品中不同的单糖和二糖会显现不同的ESR谱线，其检测信号的强度随着顺磁性化合物的浓度和辐照剂量的增加而增强。

(四)样品适用范围

本章只论述说明含晶体糖的样品的ESR检测方法原理及其应用。

(五)影响ESR的因素

ESR法的检测限和稳定性受样品中羟磷灰石的矿质化程度和结晶糖影响。通常，大种属动物的骨骼高度矿质化，辐照剂量较低，不同种类和个体之间其检测限存在差异。对于低矿质化的鱼骨来说，如果超过了加热干燥所允许的温度，可能产生较强的干扰信号，影响放射诱导信号的检测。此外，若样品中没有糖晶体，辐照样品将不会产生ESR信号。

二、方法

(一)仪器

ESR分析测定一般需要的仪器设备有：

①EMX10 /12型电子自旋共振(ESR)波谱仪。

②电热真空干燥箱。

③高速粉碎机。

(二)步骤

ESR分析测定一般需要的步骤是：

①研磨粉碎，过一定目数的筛子。

②将粉碎过筛的样品放入电热真空干燥箱内，干燥处理。

③准确称取一定数量干燥样品放入ESR管中，积累至定高压实后测量ESR波谱。

(三)数据分析

对于 ESR 检测得到的数据,如何判定结果,有一个一般原则,即从理论上讲只要 ESR 波谱信号强度大于对照样品的 ESR 信号强度,该样品即可被确认为经过辐照。

三、应用

以下说明我国干果类辐照处理食品的 ESR 检测。

(一)仪器

EMX10 /12 型电子自旋共振(ESR)波谱仪,德国 Bruker 公司;电热真空干燥箱;高速粉碎机;100 目标准检验筛。

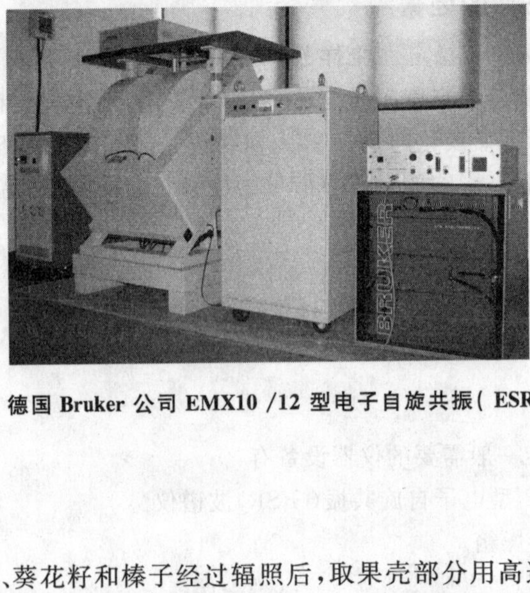

图 9-2 德国 Bruker 公司 EMX10 /12 型电子自旋共振(ESR)波谱仪

(二)步骤

(1)样品处理

核桃、开心果、葵花籽和榛子经过辐照后,取果壳部分用高速粉碎机将果壳粉碎,过 100 目筛,分别收集到自封袋中,在电热真空干燥箱中 40℃干燥处理。将干燥后的样品称取约 150 mg 分别装入 ESR 管中,使样品紧密堆积至 20 mm 高。将装有样品的 ESR 管转入电热真空干燥箱中常温下储存,2 天内进行 ESR 波谱测定。每样品每剂量重复测定 3 次。

(2)ESR 测量

ESR 波谱仪测定的参数设置如下:中心磁场 0.347 T;扫场宽度 0.020 T;微波辐射频率 9.761 GHz;微波功率 0.632 mW;信号接收调制频率 100 kHz;放大

倍数 10^3～10^5；信号通道时间常数 81.92 ms；扫描时间 83.886 s；温度为室温。

(三)数据分析

1. 辐照葵花籽 ESR 信号强度分析

经 0 kGy、1 kGy、3 kGy、5 kGy、10 kGy 辐照后葵花籽的 ESR 谱如图 9-3 所示。ESR 信号强度随辐照剂量的增加而增大，尽管未辐照葵花籽也产生了 ESR 信号，但 1 kGy 辐照样品的信号强度明显大于未辐照样品。从理论上讲只要 ESR 波谱信号强度大于对照样品的 ESR 信号强度，该样品即可被确认为经过辐照，因此葵花籽经辐照处理的最低检出剂量可以设定得比 1 kGy 更低。另一方面，葵花籽含大量不饱和脂肪酸，其亚油酸含量达 70%，在自由基存在的条件下，极易被氧化成次级产物；并且葵花籽含有大量的维生素 E，是很强的还原剂，具有消除自由基、抗氧化、防辐射的作用，因此，葵花籽信号增长不十分明显。数据表明葵花籽的信号强度与吸收剂量呈正相关，进而拟合得出葵花籽辐照剂量与 ESR 强度的关系式为

$$Y = -936.56X^2 + 15724X + 17976 \ (R^2 = 0.9988)$$

式中：X 为剂量(kGy)；Y 为 ESR 信号强度。

由相关系数 R^2 可知，葵花籽辐照剂量与 ESR 信号强度拟合关系较好，计算较为准确。在 0～10 kGy 范围内通过测定 ESR 信号强度，利用上述拟合关系式可以初步估算出葵花籽的辐照剂量，这为 ESR 法定量检测干果类辐照食品提供了理论基础。

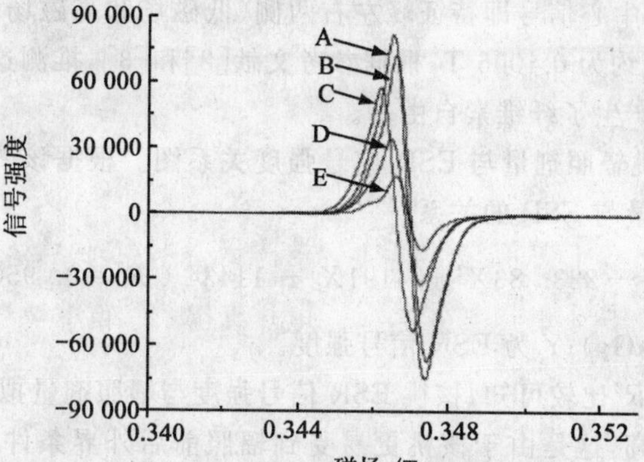

图 9-3　辐照后葵花籽 ESR 谱图

A：10 kGy　B：5 kGy　C：3 kGy　D：1 kGy　E：0 kGy(CK)

2.辐照核桃 ESR 信号强度分析

图 9-4 为经 0 kGy、1 kGy、3 kGy、5 kGy、10 kGy 辐照核桃的 ESR 谱图。由该图可看出核桃 ESR 信号强度随辐照剂量增加而增大，二者呈正相关，CK(曲线 E)出现了很强的本底信号(即未辐照样品在中心磁场区域也出现信号峰)，与 1 kGy

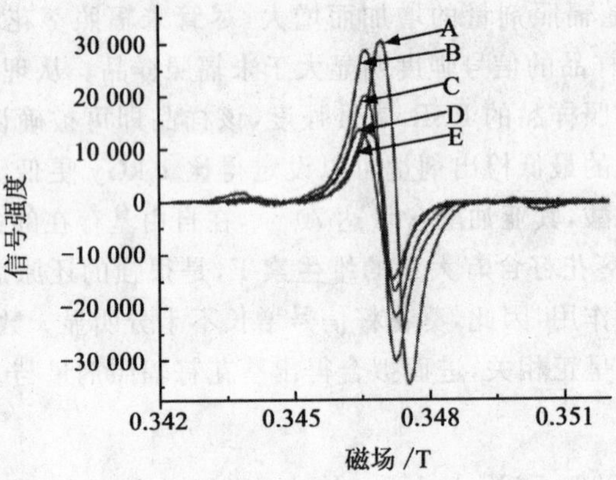

图 9-4　辐照后核桃 ESR 谱图

A:10 kGy　B:5 kGy　C:3 kGy　D:1 kGy　E:0 kGy(CK)

辐照样品的信号强度相近，可知核桃的最低检出剂量至少应设定为 1 kGy。核桃与葵花籽一样含有大量的不饱和脂肪酸、维生素 E 以及其他抗氧化物质，因此核桃的 ESR 信号增长缓慢。图 9-5 为10 kGy 辐照核桃的 ESR 谱图。由图 9-5 可知 10 kGy 辐照核桃中心信号即特征峰左右两侧(低磁场和高磁场)出现 2 个对称小峰，两峰磁场宽度约为 0. 006 T，根据参考文献[2]和[3]，推测这 2 个对称小峰的出现是由于辐照产生了纤维素自由基。

图 9-6 为核桃辐照剂量与 ESR 信号强度关系图。根据该图试验数据的拟合得出核桃辐照剂量与 ESR 的关系：

$$Y=-223.83X^2+4191X+11434\ (R^2=0.9504)$$

式中：X 为剂量(kGy)；Y 为 ESR 信号强度。

由相关系数 R^2 比较可知，核桃 ESR 信号强度与辐照剂量拟合关系较好，但不如葵花籽拟合度高，这是由于核桃更易受到辐照前后外界条件的影响，对水分含量、温度等影响 ESR 信号强度的因素要求更高。因此，若想在 0～10 kGy 范围内根据测定的 ESR 信号估算出吸收剂量，就需要进行外界条件影响效应试验，进一步对此关系式进行修正。

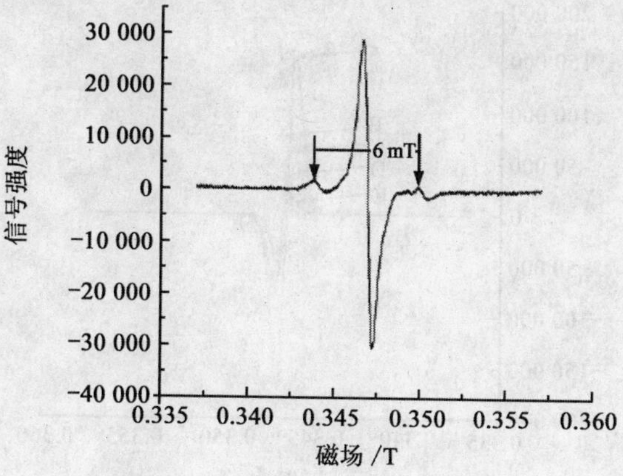

图 9-5 10 kGy 辐照后核桃 ESR 谱图

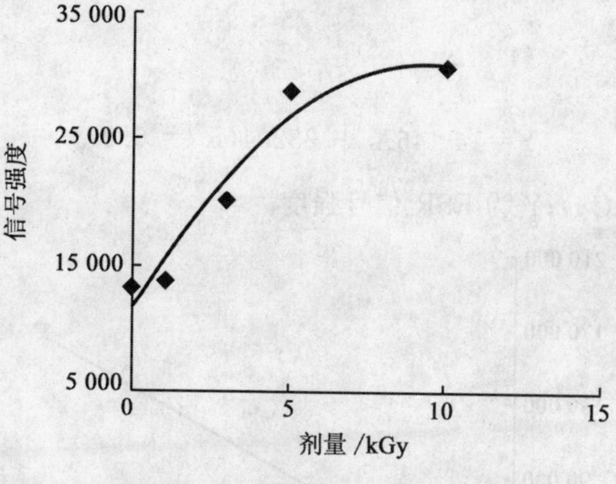

图 9-6 核桃辐照剂量与 ESR 信号强度关系图

3. 辐照开心果 ESR 信号强度分析

图 9-7 是经过 0 kGy、1 kGy、3 kGy、5 kGy、10 kGy 剂量辐照的开心果 ESR 谱图。可以看出开心果 ESR 信号强度随辐照剂量增加而增大，两者明显呈正相关，10 kGy 辐照样品（曲线 A）ESR 信号明显强于 CK，并且在样品中心信号两侧也出现 2 个微弱的小峰，两峰磁场宽度约为 0. 006 T，说明辐照产生了纤维素自由基。未辐照开心果信号很弱，1 kGy 辐照样品的 ESR 信号强度显著大于未辐照样品，因此开心果的最低检出剂量可达 1 kGy，甚至更低。

图 9-8 开心果辐照剂量与 ESR 信号强度关系图。由该图可以看出开心果的吸收剂量与信号强度呈线性关系，根据试验数据拟合得出开心果辐照剂量与 ESR

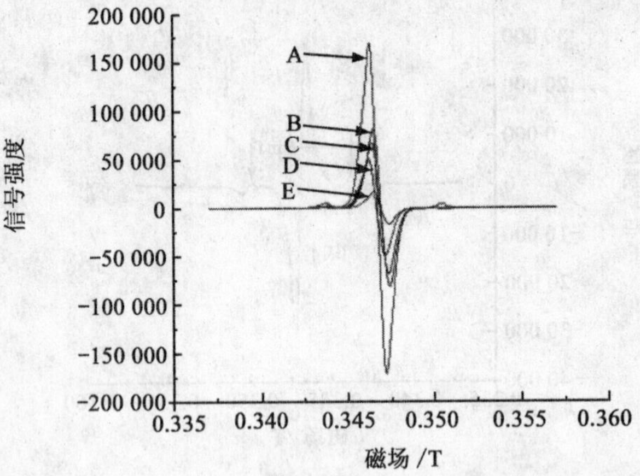

图 9-7 辐照后开心果 ESR 谱图

A:10 kGy B:5 kGy C:3 kGy D:1 kGy E:0 kGy(CK)

强度的关系式为

$$Y=14\ 146X+23204(R^2=0.97)$$

式中:X 为剂量(kGy);Y 为 ESR 信号强度。

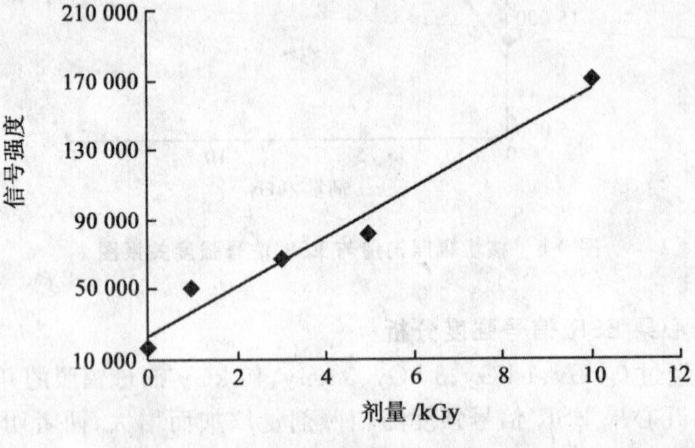

图 9-8 开心果辐照剂量与 ESR 信号强度关系图

拟合曲线表明,辐照开心果的 ESR 信号强度与吸收剂量呈现了良好的线性关系,在 0~10 kGy 范围内可以通过 ESR 信号强度初步估算出辐照剂量,更为准确的剂量效应关系还需要对影响 ESR 信号强度的因素如样品水分含量、贮藏时间等进行试验后，对该关系式进行修正。

4. 辐照榛子 ESR 信号强度分析

图 9-9 经 0 kGy、1 kGy、3 kGy、5 kGy、10 kGy 辐照榛子的 ESR 谱图。由该图可知榛子的 ESR 信号强度随辐照剂量增加而增大，10 kGy 辐照样品（曲线 A）明显强于 CK。CK 也产生了 ESR 信号，说明亦产生了自由基，1 kGy 辐照样品（曲线 D）信号明显强于 CK，因此榛子的最低检出剂量也应不大于 1 kGy。

图 9-10 是榛子辐照剂量与 ESR 信号强度关系图。由图 9-9 验数据拟合得出榛子辐照剂量与 ESR 强度的关系式为

$$Y = -196.94X^2 + 4381.4X + 7738.3 \quad (R^2 = 0.9713)$$

由关系式与相关系数可知榛子辐照剂量与 ESR 信号强度呈二次曲线关系式，拟合关系良好，在 0～10 kGy 范围内通过测定 ESR 信号强度可以估算出榛子的辐照剂量，这对干果类辐照食品剂量的反推验证具有一定的实际意义。

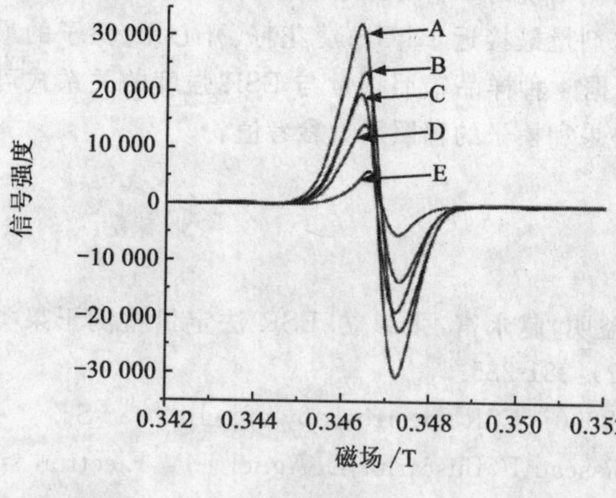

图 9-9　经不同剂量辐射照射的榛子 ESR 谱图

A：10 kGy　B：5 kGy　C：3 kGy　D：1 kGy　E：0 kGy(CK)

由于 ESR 谱仪灵敏度很高，所以样品的微小变化都会影响到 ESR 信号强度的变化，如 ESR 谱仪谐振腔内每次取样的重量是否一致，样品的颗粒度大小是否合适，每次样品管放置到谐振腔内的位置是否保持一样，这些都会不同程度地影响到检测结果，因此更加准确的剂量效应关系还需进一步研究明确。

李伟明等研究发现，4 种剂量辐照干果的 ESR 波谱和对照均有明显的区别，ESR 信号强度均随辐照剂量增加而增大，且辐照前后样品的 ESR 强度和谱形都发生变化，应用 ESR 法能够鉴定 4 种食品是否经过辐照。核桃和开心果的 ESR

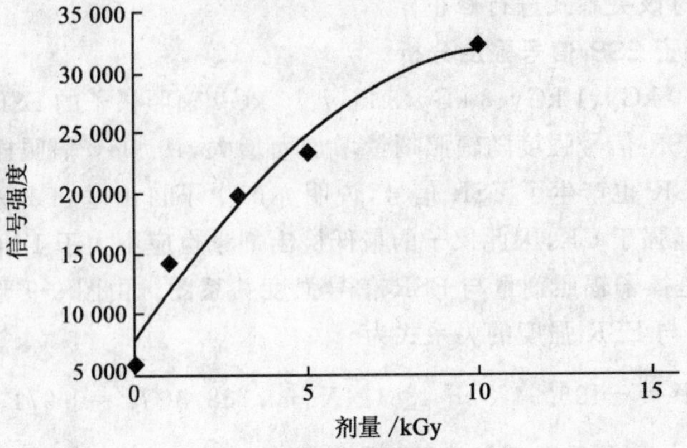

图 9-10 榛子辐照剂量与 ESR 信号强度关系图

谱线中心信号左右两侧出现的 2 个对称小峰证明了纤维素自由基的存在。本研究得出核桃的最低检出剂量最接近 1 kGy；葵花籽、开心果、榛子的最低检出剂量均明显低于 1 kGy。根据 4 种样品辐照剂量与 ESR 强度的关系式可从理论上推算出葵花籽、核桃、开心果和榛子的辐照剂量参考值。

参考文献

[1] 李伟明，哈益明，赵永富，张彦立. ESR 法定量检测干果类辐照食品[J]. 核农学报，2011，25(2)：281-285.

[2] EN 1787—2000 ESR spectroscopy of cellulose [S].

[3] Raffi J, Boisseau P, Buscarlet L, Agnel J-P. Electron spin resonance identification of irradiated strawberries[J]. J Chem Soe, Faraday Trans, 1988, 84: 3359-3362.

[4] Chawa S P, et a1. Factors influencing the yield of radiation induced electron spin resonance (ESR) signal in lamb bones. Food Research International, 2002, 35: 467-473.

[5] Canan Aydas, Birol Engin, Mustafa Polat, Talat Aydin. Electron spin resonance study of γ-irradiated Anatolian chickpea[J]. Radiation Effects & Defects in Solids, 2008, 1(163): 7-17.

[6] 陈德平，许立宪，巫德辉，林雄，倪淳. 电子自旋共振技术在辐照食品分析检测中的应用[J]. 检验检疫科学，2007，17：98-101.

[7] Sulaxana Kumari Chauhan, R Kumar, S Nadanasabapathy and A S Bawa. Detection methods for irradiated foods[J]. Comprehensive Reviews In Food Science And Food Safety, 2009, 8: 1-16.

[8] EN 1786—1996 ESR spectroscopy of bones [S].

[9] EN 1787—2000 ESR spectroscopy of cellulose [S].

[10] EN 13708—2003 ESR spectroscopy of crystalline sugars [S].

第十章　含骨的食品电子自旋共振技术(ESR)检测法

一、概述

(一)原理

采用电子自旋共振(electron spin resonance,ESR)波谱主要测定顺磁性中心(例如激发粒子)。它们是由于辐射或是其他化合物的存在引起的。强烈的外部磁场产生了介于 $m_s=+½$ 和 $m_s=-½$ 之间的能级差的电子自旋,导致了对光谱仪中应用微波波束的共振吸收。ESR 光谱被普遍认为是与应用磁场有关的最早的吸收衍生产物。

场和频率的大小依赖于实验需要(样品量和样品容器),然而它们产生的比率(例如 g 值)是顺磁性中心和它的局部协调的一种内在特性。测定 ESR 信号的 g 值对于辐照样品的定性是有意义的。

辐照处理产生的激发粒子可以从固体食物或食物的干燥成分中检测出来。信号的强度也随着顺磁性物质的浓度增高而增强,也随着辐照剂量的加大而增强。

(二)国内外应用现状

辐射化学家早已指出,食品经 10 kGy 剂量辐照可以产生大约 5×10^{-3} mol/kg 的自由基。大多数自由基通过快速反应形成终产物积聚在食品中,而一些自由基则有相当长的寿命,可以在通常条件(室温，空气存在)下测定它们的 ESR 波谱。众多的研究结果已揭示，辐照在一些食品中诱生的长寿命自由基并不存在于原来的食品中,也就是说这样的自由基具有辐照专一性。这是 ESR 法检测辐照食品的根据。早期的 ESR 实验表明,在动物骨头中辐照产生的自由基十分稳定,在动物脂肪中仅在辐照后的几周时间内可被检测,在肉中辐射诱导的自由基消失非常迅速。Lea 和 Dodd 分别研究了家禽、鱼骨和龙虾壳中的 ESR 信号。Lea 等发现,在商业性辐射加工的剂量范围内,鸡骨中辐射诱导的自由基十分稳定,其信号强度随剂量线性增加。辐照猪骨中的 ESR 信号亦已被研究,但报道的数据很少。

(三)样品适用范围

电子自旋共振光谱 ESR 的方法适用于检测受辐照处理的含骨鱼和肉,含骨鱼和肉包括猪排、牛排、鸭腿、鸡翅、鸡腿、鳗鱼、鲑鱼骨等。欧洲标准化委员会制定的 EN 1786—1996《食品——应用电子自旋共振波谱仪(ESR)法检测含骨辐照食品》在牛肉骨、鲑鱼骨和鸡骨中已完成了实验室间验证。由于骨中主成分羟磷灰石产生放射诱导电子自旋共振信号,因此 EN 1786—1996 能被应用到所有含骨肉类和鱼类。检测限依赖于根据骨的矿化状况,通常小型动物矿化度较低。

(四)优缺点

辐照可在动物骨头中产生长寿命自由基,且具有专一性。采用电子自旋共振(ESR)方法可成功地检测出辐照动物骨和未辐照动物骨的 ESR 波谱的差异。ESR 法检测含骨类食品具有准确、灵敏的优点,可以检测 0.2 kGy 剂量辐照的食品,并可用以估测受辐照食品的吸收剂量。过去和最近的研究结果都表明,ESR 方法可成功地用于某些含骨头或钙化组织的辐照食品的检测,也可用于其他的干燥食品和香辛料调味品的辐照检测。缺点是在进行 ESR 测量前必须将样品研磨成一定大小的颗粒,此过程本身也可以产生自由基。ESR 波谱信号与动物的种类、年龄有关,另外储存时间、温度、湿度也会影响信号的稳定性,这给 ESR 法确定吸收剂量带来较大困难,由于样品在贮藏时 ESR 信号强度增加,这给用 ESR 法估算辐照猪肉的吸收剂量带来了困难。此外,ESR 设备昂贵并需要专业技术人员。

二、方法

根据欧洲标准化委员会制定的标准 EN 1786—1996《食品——应用电子自旋共振波谱仪(ESR)法检测含骨辐照食品》。

(一)仪器设备

①市售 X 波段 ESR 波谱仪,包括磁体,微波电桥,带磁场控制器和信号通道的控制台,矩形或圆柱形的谐振腔。

②g 值测量装置,包括频率计,磁场测量传感器[核磁共振(NMR)高斯计],或其他任何内置 g 值测量装置。

③ESR 管,内径约 4.0 mm(例如 Suprasil R 石英管)。

④天平,精确至 1 mg(可选)。

⑤实验室用真空干燥箱或冷冻干燥箱。

(二)步骤

1.样品制备

用解剖刀将骨头上的肉尽可能剔除干净，获取干净的骨样品。如果需要，劈开骨去除骨髓。在冻干机中冻干骨样品约 18 h，或在 40℃ 的实验室真空烘箱中烘 3 h。从骨样品上移取合适的样品块(大约 100 mg，3.0～3.5 mm 厚并 5.0～10.0 mm 长)用来分析，将样品放入标准的电子自旋共振光谱管中。

注意：样品可以以骨碎片或粉末形式称取，将样品保存在冷冻状态不会影响辐照的检测。

2.ESR 光谱测定

①波谱仪设置。设定时间常数和相应扫描频率，使 ESR 信号谱线宽度接近 0.4 mT。例如，研究发现以下的 ESR 波谱仪设置参数可以满足要求：

微波辐射：9.5 GHz，功率在 5～12.5 mW 之间。

磁场：342 mT 中央场，扫描幅度 5～20 mT。

信号通道：50 kHz 或 100 kHz 的调制频率。

0.2～0.4 mT 的调制幅度。

时间常数 50～200 ms，扫描速率 2.5～10 mT/min，或者以更大的扫描速率和更少的时间常数足够拍摄 3～5 张波谱图。

增益：10^5～10^6 之间。

温度：室温。

②样品分析。将待分析的样品按要求进行样品制备，装入 ESR 管中，进行测定。

尽管在绝大多数样品不需要读取 ESR 光谱单个信号的 *g* 值，但是该值可用于辐照食品样品的阳性鉴定。

(三)数据分析

1.ESR 光谱评定

一种典型的含有 *g* 值 2002 和 1998 的不对称性信号出现可以判断是否辐照食品，这种信号有助于捕捉骨中羟磷灰石电离辐射活动产生的射线。

在 ESR 光谱中有时出现一种低强度的含有 *g* 值 g_{symm} =2005(图 10-1)对称信号(例如在包含骨髓的例子中)。非辐照骨和辐照骨(以鸡腿骨为例)典型 ESR 光谱如图 10-1 至图 10-3 所示，注意辐照骨的 ESR 光谱在相对低剂量(少于 2～3 kGy)频率显示为特异性和非特异性信号联合(图 10-2)。当剂量少于 0.5 kGy 时，非特异性信号将强于特异性信号。相反，特异性信号是在高剂量(超过 3 kGy)

时唯一能观察到的信号。

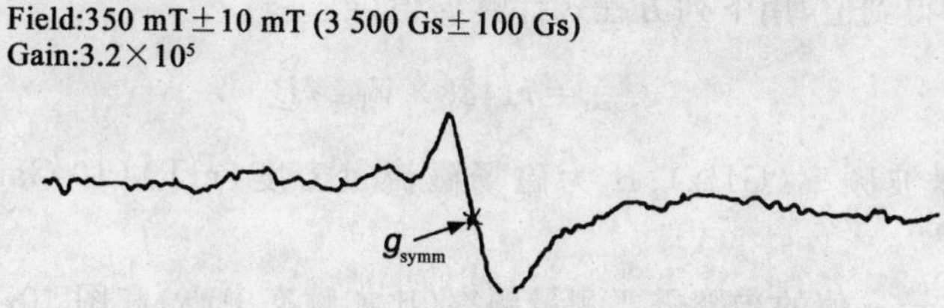

图 10-1　未辐照鸡腿骨样品典型 ESR 光谱图

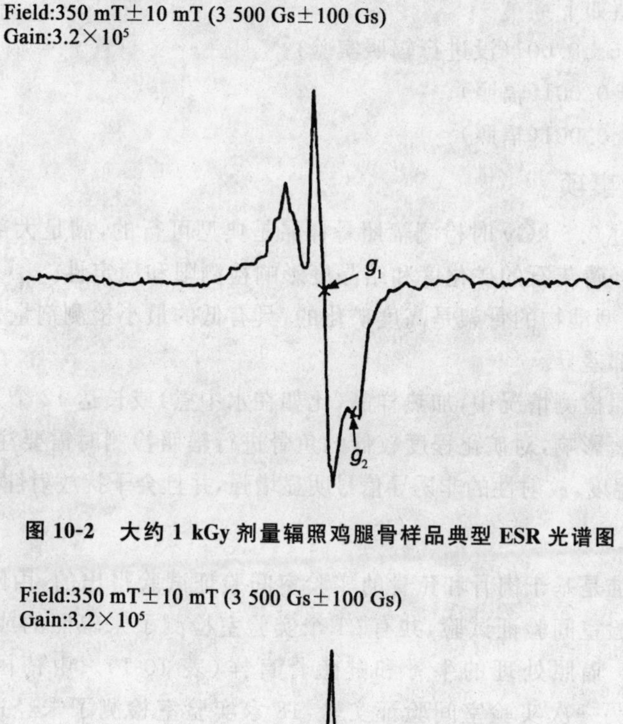

图 10-2　大约 1 kGy 剂量辐照鸡腿骨样品典型 ESR 光谱图

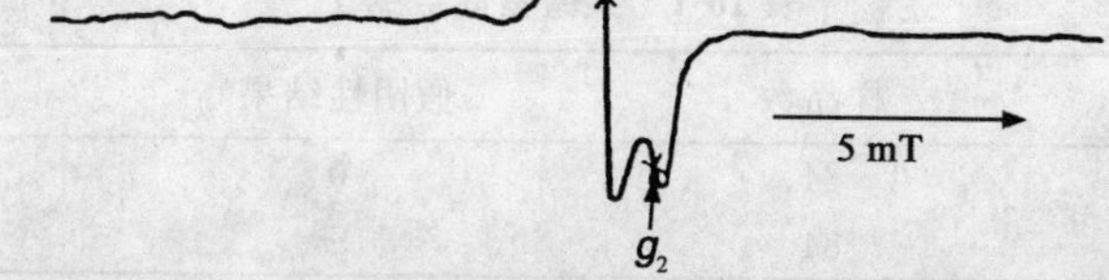

图 10-3　大约 3 kGy 剂量辐照鸡腿骨样品典型 ESR 光谱图

2. *g* 值的计算

采用测量得到值，用下列方程式计算 *g* 值(g_{signal})：

$$g_{signal}=71488\times V_{ESR}/B$$

式中：V_{ESR}为微波频率(GHz)；B 为磁场磁流量密度(mT)(10 Gauss＝10 Gs＝1 mT)。

计算骨信号 *g* 值的步骤需要测量频率(比如频率中心)和图 10-1 至图 10-3 箭头所指的位置域 B(比如磁强计)。

骨中检测值如下：

$g_{symm}=2005\pm0.001$(没进行辐照实验)；

$g_1=2002\pm0.001$(辐照)

$g_2=1998\pm0.001$(辐照)

(四)注意事项

当剂量超过 0.5 kGy 时检测辐照骨样品是典型可行的，满足大部分商业应用需求。样品中羟磷灰石的矿化度和结晶度影响检测限和稳定性。

总体上，大型动物的骨架是高度矿化的，具有低的最小检测剂量。然而需要注意动物个体内部差异。

在肉骨辐照检测情况中，加热样品(比如在水中煮)或长达 12 个月的存储对辐照检测没有显著影响，对矿化程度较低的鱼骨进行辐照检测时需要注意的是，如果超过推荐冻干温度，放射性的非诱导信号明显增强，并且会干扰放射性的特异信号。

(五)验证

该欧洲标准是基于肉骨和鱼骨的实验室间验证试验得出的，由欧共体标准局组织了一次实验室间验证试验，共有 21 个实验室检测了未辐照的或经过 2 kGy、4 kGy和 7 kGy 辐照处理的牛骨和鲑鱼骨盲样(表 10-1)。由德国联邦卫生部(BGA)组织了另一次实验室间验证实验，18 家实验室检测了未经过辐照或经过 2 kGy、4 kGy 和 6 kGy 辐照的鸡骨和鲑鱼骨盲样(表 10-2)。

表 10-1　实验室间数据 1

产品	样品数	假阴性结果[a]	假阳性结果[b]
牛骨	84	0	0
鲑鱼骨	84	5[c]	0

a)假阴性结果是辐照过的样品检测结果为未经辐照。

b)假阳性结果是未辐照过的样品检测结果为经过辐照。

c)5 个假阴性结果是由于光谱误读产生。

表 10-2　实验室间数据 2

产品	样品数	假阴性结果[a]	假阳性结果[b]
鸡骨	108	0	0
鲑鱼骨	108	0	2[c]

a)假阴性结果是辐照过的样品检测结果为未经辐照。

b)假阳性结果是未辐照过的样品检测结果为经过辐照。

c)2 个假阳性结果是由于光谱误读产生。

(六)检测报告

检测报告应该包含以下内容：

①样品识别的必要信息。

②提及所使用的本标准。

③结果。

④采样日期和采样过程(如果已知)。

⑤收样日期。

⑥检测日期。

⑦实验过程中观察到的任何特殊点。

⑧任何本方法中没有提及的操作或被认为可能影响结果的可选操作。

(七)注意事项

为了检测辐照食品，自由基的 ESR 信号必须满足几个要求：

①ESR 信号必须是稳定的,或者至少在通常的贮藏时间内是稳定的。

②在较长时间贮藏后,辐照样的 ESR 信号必须仍能与未辐照样品中的 ESR 信号清楚地区分。

③信号强度必须正比吸收剂量,这样可利用这种关系估测受照样品的吸收剂量。

三、应用

(一)不同动物源骨(猪、牛、鸭、鸡、鱼)的 ESR 波谱比较

赵永富等在电子自旋共振波谱法检测含骨类食品的研究中对比了辐射后猪排、牛排、鸭腿、鸡腿(带肉)、全鱼的 ESR 波谱。

1. 实验材料准备与辐照

选用从市场购得同批猪排、牛排、鸭腿、鸡腿(带肉)、鳗鱼,立即低温冷冻。所

有样品用塑料袋包装密封后在低温下冷冻贮存。将以上已冷冻的动物肉骨在空气条件下于^{60}Co辐射场中辐照，辐照时间为4～8 h，分两种剂量(0.3 kGy、0.5 kGy)同时辐照、贮存，并预留对照样品。分别用硫酸亚铁和重铬酸银剂量计跟踪测定每个样品的吸收剂量。辐照处理完成后，立即制样。

2.制样

分别取猪排、牛排、鸭腿、鸡腿股骨和鳗鱼脊椎骨中段，尽可能完全剔除其中的肉和膜，而后弃去骨髓。冷冻干燥18 h，再用机器粉碎成45目的细粉末，准确称量等重量样品，装入ESR标准测量管中。

3.测量

样品用德国Bruker公司的顺磁共振波谱仪测量。将样品管放入波谱仪谐振腔中，计算机多次扫描测量。工作条件如下：微波辐射9.5 GHz，功率在5～12.5 mW之间；磁场：中央场342 mT，扫描幅度5～20 mT；信号通道：调制频率50～100 kHz；调制幅度0.2～0.4 mT；时间常数50～200 ms，扫描速率2.5～10 mT/min或者以更大的扫描速率和更少的时间常数足够拍摄3～5张波谱图；增益10^5～10^6之间；温度为室温。

4.结果

对5类动物源骨的ESR波谱比较表明，辐照前后g因子和ΔH的变化与鸡骨基本一致。尽管不同动物源骨的结构各异，但其无机组成都是羟基磷灰石，辐照后在其晶格矩阵内发生相同的电离激发效应，对ESR外加微波表现为相同的共振吸收。这是ESR法检测含骨类食品的前提。但在相同吸收剂量(0.3 kGy、0.5 kGy)下，不同动物源骨ESR波谱的相对强度有显著差异，大小依次为：猪＞牛＞鸭＞鸡＞鱼。因此，不同动物源骨的辐照检测限是不同的。检测限定为0.5 kGy被认为是可行的，适用于大多数含骨类食品。

(二)猪骨中ESR信号检测研究

戚生初等研究了辐照在猪骨中诱生的自由基的ESR波谱，并与紫外光辐照和未辐照处理的样品的ESR波谱作了比较。测得为辐照所特有的ESR信号。在实验使用的剂量范围内(1.23～6.24 kGy)，信号高度随吸收剂量增加呈线性增加。样品分别在室温和－18℃以及空气存在下储存45 d和22 d均观察到信号高度增加。

1.实验材料准备与辐照

猪排骨从市场购得。将65 mm长的肋骨(带有薄层肉)置于具塞玻璃管中，在空气存在下于^{60}Co辐射场中照射，使用的剂量率范围1.23～6.24 kGy。剂量率用硫酸亚铁剂量计测定，取 $G(Fe^{3+})_{O_2}=15.5$。紫外光辐照使用的波长范围为184.9～253.7 nm，样品离源 5 cm，照射 3.8 h。研究贮存效应的样品，辐照后分别在－18℃和空气存在条件下贮藏。

2. 制样

在 ESR 测量前，先剔除样品表面的肉和膜，用无水乙醇浸泡 24 h，然后在真空下用 P_2O_5 干燥 24 h，脱去样品中的水分。然后将骨头弃去骨髓，磨成 80 目的细粉末，保存在真空干燥器中。

3. 测量

将 400 mg 样品装入直径 4.2 mm 的 ESR 测量管中，高度控制为 35 mm，这样样品密度约保持为 0.8 g/cm^3。ESR 信号用 Blucker ER 200DESR 谱仪测量，工作条件同“不同动物源骨（猪、牛、鸭、鸡、鱼）的 ESR 波谱比较”中的测量步骤。

4. 结果

比较 γ 辐照、UV 辐照和未辐照的猪骨样品中自由基的 ESR 谱的外观特征，可以看出 γ 辐照样品的 ESR 谱明显不同于紫外光照和未辐照样品的谱图。对于未辐照和紫外光照的样品，ESR 谱只呈现一个信号，而 γ 辐照的猪骨样品，其 ESR 谱由两个信号组成。在实验使用的剂量 1.23～6.24 kGy 范围内，所有辐照过的猪骨，自由基都呈现相同特征的 ESR 信号，这表明它们源于相同的自由基。辐照猪骨的 ESR 谱中第二个信号的强度与吸收剂量的关系，其信号的强度随吸收剂量增加呈线性增加。样品贮藏过程中，第二个 ESR 信号的强度增加。这表明相关的自由基可能是次级产物。根据上述结果，可以认为 γ 辐照在猪骨中形成了辐照专一性的自由基，它们的 ESR 波谱既不同于紫外光辐照产生的 ESR 谱，也不同于未辐照猪骨中呈现的 ESR 谱，这种专一性的 ESR 波谱可以作为猪肉受电离辐射处理的标志。

四、小结

由于辐照可在动物骨头中产生长寿命自由基，且具有专一性，因此，采用电子自旋共振方法可成功地检测出辐照动物骨和未辐照动物骨的 ESR 波谱的差异。ESR 方法可成功地用于某些含骨头或钙化组织的辐照食品的检测，也可用于其他的干燥食品和香辛料调味品的辐照检测。检测限依赖于根据骨的矿化状况，通常小型动物矿化度较低。

参考文献

[1] 哈益明,周洪杰. 辐照食品分析检测技术的研究进展. 食品科学,2005,26(6):260-265.

[2] 赵永富,哈益明,刘婷. 电子自旋共振波谱法检测含骨类食品的初步研究. 辐射研究与辐射工艺学报,2007,25(5):279-282.

[3] 戚生初,张向东,刘文俊. 辐照猪肉的检测Ⅲ. 猪骨中 ESR 信号研究. 辐射研究与辐射工艺学报,1994,12(3):160-163.

[4] Helle N and Bögl K W. Methods for indentifying irradiated food. Food Tec,1990,4:24-39.

[5] Raffi J,Evans J C,Agnel J-P,Rowlands C C and Lesgards G. ESR analysis of irradiated frogs'leg and fishes. Appl Radiat. Isot. ,1989,40:1215-1218.

[6] Lea J S,Dodd N J F and Swallow A J A. Method of testing for irradiation of poultry. Int. J. Food Sci. Technol. ,1988,23:625-632.

[7] Desrosiers M F and Simic M G. Postirradiation dosimetry of meat by electron spin resonance soectroscopy of bones. J. Agric. Food Chem. , 1988, 36:601-603.

[8] Stevenson M H and Gray R. Effect of irradiation dose,storage time and temperature on the ESR signal in irradiated chicken bone. J. Sci. Food Agric. , 1989,48:269-274.

[9] Gray R, Stevenson M H and Kilpatrick D J. The effect of irradiation dose and age of the bird on the ESR signal in irradiated chicken drumsticks. Radiat. Phys. Chem. ,1990,35:284-287.

[10] Stevenson M H and Gray R. An investigation into the effect of sample preparation methods on the resulting ESR signal from irradiated chicken bone. J. Sci. Food Agric,1989,48:261-267.

[11] Goodman B A, McPhail D B and Duthie D M L. Electrom spin resonance spectroscopy of some irradiated foodstuffs. J. Sci. Food Agric,1989,47:101-111.

[12] Untersuchung von Lebensmitteln: Nachweis einer Strahlenbehandlung (ionisiernde Strahlen) von knochenhaltigem Fleisch durch Messung des ESR(Elektronen-Spin-Resonanz)-Spektrums (Delection of bone containing meat treated

with (ionising) radiation by ESR spectorscopy), L 06.00-30. In: Amtliche SammLung von Untersuchungsverfahren nach §35 LMBG: Verfahren zur Probenahme und Untersuchung von Lebensimitteln. Tabakerzeugnissen, kosmetischen Mitteln und Bedarfsgegenständen/Bundesgesundheitsamt (In: Collection of official methods under article 35 of the German Federal Foods Act; Methods of sampling and analysis of foods, tobacco products, cosmetics and commodity goods/Federal Health Office) Loseblattausgabe, Stand Aug. 1993 Bd. I (Loose leaf edition, as of 1993-08 VoI. I.) Berlin, Köln: Beuth Verlag GmbH.

[13] Untersuchung von Lebensmitteln: Nachweis einer Strahlenbehandlung (ionisierende Strahlen) von grätenhaltigen Fisch durch Messung des ESR (Elektronen-Spin-Resonanz)-Spektrums (Delection of bone containing fish treated with (ionising) radiation by ESR spectroscopy). L 10.00-6. In: Amtliche SammLung von Untersuchungsverfahren nach §35 LMBG: Verfahren zur Probenahme und Untersuchung von Lebensmitteln, Tabakerzeugnissen, kosmetischen Mitteln und Bedarfsgegenständen/Bundesgesundheitsamt (In: Collection of official methods under article 35 of the German Federal Foods Act;) Methods of sampling and analysis of foods, tobacco products, cosmetics and commodity goods/Federal Health Office) Loseblattausgabe, Stand Aug. 1993 Bd. 1 (Loose leaf edition, as of 1993-08 Vol. I.) Berlin, Köln: Beuth Verlag GmbH.

[14] MAFF validated methods for the analysis of foodstuffs, No. V28: Detection of meat containuing bone. J. Assoc. PubL Analysts, 1993, 29: 201-208.

[15] Raffi J, Delincée H, Marchioni E, Hasselmann C, Sjöberg A-M, Leonardi M, Bögl KW, Schreiber G A, Stevenson H and Meier W. Concerted Action of the Community Bureau of Reference on Methods of Identification on Irradiated Foods. BCR-Information. Luxembourg: Commission of the European Communities, 1994 (Report EUR/15261/en).

[16] Raffi J. Electron Spin Resonance Intercomparison Studies on Irradiated Foodstuffs. BCR-Information. Luxembourg: Commission of the European Communities, 1992 (Report EUR/13630/en).

[17] Scotter S L, Holley P and Wood R. Cooperative trial of methods of analysis to determine irradiation treatment of chicken samples: Initial. Int. J. Food Sci. Technol., 1990, 25: 512-518.

[18] Desrosiers M F, McLaughlin W, Sheahen L, Dodd N, Lea L, Evans J

C,Rowlands C C, Raffi J and Agnel J-P. Co-trial on identification and estimates of gamma ray and electron absorbed doses given to meat bones. Int. J. Food Sci. Technol. ,1990,25:682-691.

[19] Raffi J,Stevenson M H,Kent M,Thiéry J M and Belliardo JJ. European inter-comparison on electron spin resonance identification of irradiated foodstuffs. Int. J. Food Sci. Technol. ,1992,27:111-124.

[20] Schreiber G A,Helle N,Schulzki G,Spiegelberg A,Linke B,Wagner U and Bögl K W. Intercomparisona to evaluate the suitability of gas chromatographic, electron spin resonance spectrometric and thermoluminescence methods to detect irradiated foods in routine control. In:Radiat. Phys. Chem. ,1993,42:391-396.

[21] Desroiers M F,Le F G and Mc Laughlin W L. Interlaboratory trials of the EPRmethod for the detection of irradiated meats containing bone. Int. J. Food Sci. Technol. ,1994,29:153-159.

[22] Gary R,Stevenson M H and Kilpatrick D J. The effect of irradiation dose and age of bird on the ESR signal in irradiated drumsticks. Radiat. Phys. Chem. ,1990,35:284-287.

[23] Gray R and Stevenson M H. Effect to length and temperature of storage on the ESR signal from various bones in irradiated chicken carcasses. Int. J. Food Sci. Technol. ,1990,25:506-511.

[24] Dodd N J F,Haishun J, Lea J S and Swallow A J. Factors influencing the yield of free radicals in irradiated chicken. Int. J. Food Sci. Technol. ,1992,27: 371-383.

第十一章　邻酪氨酸检测法

一、概述

(一)原理

蛋白质中苯丙氨酸是人体的一种必需氨基酸，主要由食物提供。苯丙氨酸经过电离，羟基自由基可使基质发生过氧化并将蛋白质的苯丙氨酸转变为两种异常的酪氨酸异构体，即邻酪氨酸(图 11-1)和间酪氨酸。由于经辐照后产生的酪氨酸异构体中，邻酪氨酸的含量最大，因此邻酪氨酸被看作是食品已被辐照的标志。

图 11-1　苯丙氨酸辐照过程化学反应图

(二)国内外应用现状

通过检测辐解产物邻酪氨酸含量以判断蛋白质食品是否经过辐照，国外在该方面已做了相关研究，采用的检测技术主要是高效液相色谱。国内自 2009 年起，陆续有学者研究报道高效液相色谱(HPLC)技术检测辐照食品中的邻酪氨酸，2011 年有学者改进了邻酪氨酸检测方法，采用胰蛋白酶水解辐照样品，代替之前的酸水解蛋白的方式，并应用 HPLC-MS/MS 技术，代替之前的 HPLC 技术，减少了基质干扰，提高了方法灵敏度。

总体而言，目前该方法在实验室已有一定的开展，大规模用于实际样品的检测还未见报道。

(三)样品适用范围

由于苯丙氨酸是蛋白质重要的组成部分，在各种肉类中含量丰富，所以目前邻酪氨酸检测方法主要应用研究方向都是在各种肉类，目前已经证明可以适用的样品有鸡肉、猪肉、牛肉、虾肉、鱼肉等。

(四)方法特点

由于许多辐照食品都富含蛋白质，所以邻酪氨酸检测辐照食品具有很广泛的应用优势。但目前，对于含植物性蛋白食品的应用研究尚未开展。另外，邻酪氨酸在食品中也有很低的本底，这会给辐照食品检测时带来阳性判断上的困难。而食品中邻酪氨酸的本底水平调查，目前也没有相关资料。

邻酪氨酸检测的前处理是非常重要的。酪氨酸(Tyr)分子式为 $C_9H_{11}NO_3$，相对分子质量为181.20，是一种分子质量较大的中性氨基酸，其分子式中含有芳香环，为芳香族氨基酸。由于酪氨酸中既含氨基($—NH_2$)又含羧基(—COOH)，因此也为游离氨基酸的一种。这种性质决定了邻酪氨酸相对不稳定，容易受到前处理中各因素的影响，会给检测带来困难。因此，研究样品前处理对邻酪氨酸的影响有着十分重要的作用。

二、方法

(一)柱前衍生——高效液相色谱技术检测邻酪氨酸

1.试剂

①标准物质：邻酪氨酸(纯度大于98%)；甲醇(HPLC级)；三氯甲烷、丙酮、乙酸铵、浓盐酸(分析纯)；实验用水为二次蒸馏水。

②丙酮-三氯甲烷溶液(3+1)。

③0.02 mol/L乙酸铵溶液：准确称取1.541 6 g乙酸铵，溶解于1 000 mL水中。

④2 mol/L盐酸溶液：量取100 mL浓盐酸，与500 mL水混匀即得。

⑤衍生剂溶液：称取0.1 g邻苯二甲醛(OPA)，0.1 g巯基乙醇，0.2 g硼酸钠，用50%甲醇水溶液定容至10 mL，过0.2 μm滤膜，−20℃冰箱保存，可使用1个月。

⑥邻酪氨酸标准溶液：准确称取100 mg邻酪氨酸标准品，用水配成1 g/L的邻酪氨酸标准储备液，4℃保存，根据需要用水将邻酪氨酸标准储备液稀释至适当浓度，作为邻酪氨酸标准工作液，4℃冰箱保存。

2.仪器

高效液相色谱仪：配有荧光检测器、均质机、涡旋混合器、0.2 μm水相滤膜。

3. 步骤

(1)样品处理

称取 0.2 g 均质后的样品(精确到 0.001 g)置于 50 mL 具塞离心管中,加入 20 mL 丙酮-三氯甲烷溶液(3+1),涡旋混匀。经滤纸过滤后,残留物转移回离心管中,再加入 20mL 丙酮-三氯甲烷溶液(3+1)涡旋混匀,再经滤纸过滤。将过滤后的残留物先在−18℃中预冷 1 h 后,再放入冷冻干燥机进行冷冻干燥 7～8 h。取冷冻干燥后的残渣置于真空水解管中,加入 1 mL 2mol/L 盐酸,用真空泵将水解管中的空气抽出后拧紧真空水解管盖,于 110℃水解过夜。水解液冷却至室温后,将盐酸挥发掉,调节 pH 到中性,用水定容到 1 mL,过水相滤膜后用高效液相色谱仪测定。

(2)色谱质谱条件及参数

色谱柱:C_{18}柱(250 mm×4.6 mm,粒径 5 μm),或相当者;流动相:A:0.02 mol/L 乙酸铵,B:乙腈;梯度洗脱程序:0～10 min,A:80%→65%;10～15 min,A:65%;15～15.01 min,65%→80%;15.01～20 min,A:80%;流速:1.0 mL/min;进样量:20 μL;柱温:30℃;荧光检测器:激发波长 330 nm,发射波长 450 nm;

4. 数据分析

(1)样品前处理时盐酸量的选择

样品前处理时,需在 110℃盐酸水解过夜去除蛋白,选择了 5 个盐酸量进行比较。盐酸量分别为 1 mL 浓盐酸、2 mL 浓盐酸、1 mL 6 moL/L 盐酸、1 mL 4 moL/L 盐酸、1 mL 2 moL/L 盐酸。水解过夜后,发现 1 mL 2 moL/L 的盐酸量可以完全消化样品,去除蛋白。同时实验结果发现,过多的盐酸量会造成邻酪氨酸损失。所以,样品前处理时选择 1 mL 2 moL/L 盐酸水解蛋白。

(2)流动相的选择

实验研究流动相中乙酸铵水溶液(0.02 mol/L)与乙腈为不同配比时邻酪氨酸的出峰情况。结果表明,流动相采用乙酸铵水溶液-乙腈等度洗脱时,邻酪氨酸的出峰不理想,与杂质不能分开。如果流动相采用乙酸铵水溶液-乙腈梯度洗脱,先增加乙酸铵水溶液(0.02 mol/L)的配比,起始为 80%,然后逐渐降低,可以使一些水溶性的杂质先洗脱出来。在进样 10～15 min 时,将乙酸铵水溶液的配比保持在 65%,在这个时间段内,邻酪氨酸的出峰情况有很大改善,多次标准进样,发现邻酪氨酸的出峰时间稳定在 13 min 左右,而且峰形得到极大改善,可以与杂质分开。

(3)检测器的选择

在对高含量邻酪氨酸检测时,既可用紫外检测器在 330 nm 处测定,也可用荧光检测器检测，但是在实际样品检测时，用紫外检测器在邻酪氨酸出峰的位置出现干扰峰的几率大，这与检测器的选择性有关，因为产生荧光的一个必要条件是该物质的分子具有能吸收激发光能量的吸收带，另外的条件是吸收了激发光能量之后的分子具有高的荧光效率，在很多情况下，荧光检测器的高选择性能够避免不发荧光成分的干扰。而且邻酪氨酸属于芳香族氨基酸，通过衍生剂衍生后，分子具有一定的荧光吸收结构，吸收了激发光能量之后的分子具有高的荧光效率。鉴于此，采用荧光检测器进行检测。

(4)衍生剂的选择

荧光衍生产物的选择性好，它的激发波长和发射波长与衍生试剂的不一样，即使有过量的衍生试剂或反应副产物存在于反应液中，也不会干扰荧光衍生产物的检测。衍生后的产物往往不需要预先去除干扰而可以直接进样。

邻酪氨酸本身不发荧光，要应用荧光检测器对其进行检测，主要依靠荧光衍生试剂与邻酪氨酸反应，接上荧光的生色基团达到检测的目的。在本实验中，我们选择邻苯二甲醛＋巯基乙醇＋硼酸钠作为衍生剂，在碱性条件下与邻酪氨酸反应，接上荧光的生色基团，生成荧光化合物反应，如图 11-2 所示。

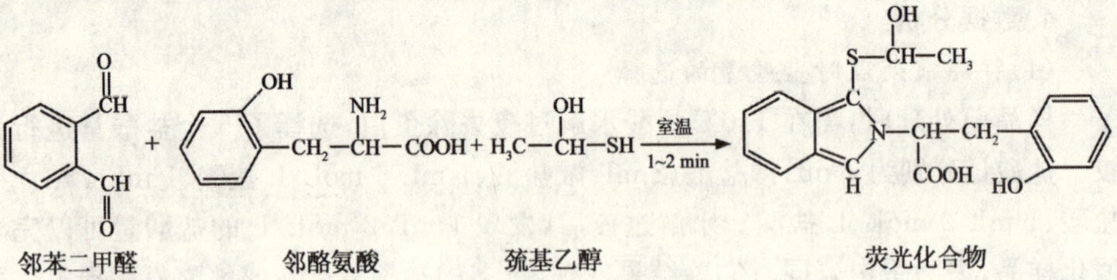

图 11-2　衍生反应过程

(5)线性范围、回收率与精密度

在优化条件下，对质量浓度分别为 1 μg/mL、5 μg/mL、10 μg/mL、25 μg/mL、50 μg/mL、100 μg/mL 的邻酪氨酸标准溶液进行检测，考察方法的线性范围，结果表明，邻酪氨酸标准溶液在 1～100 μg/mL 范围内，其峰面积与质量浓度呈良好的线性关系，相关系数大于 0.99。以 2 种含蛋白质未辐照样品(鸡肉、猪肉)作为阴性样品，取适量标准品加至 0.2 g 样品中，使加标量相当于 5 mg/kg、10 mg/kg、50 mg/kg，按照本方法进行实验，测得方法的回收率和相对标准偏差见表 11-1。结果显示，样品在 5 mg/kg、10 mg/kg、50 mg/kg 加标水平的回收率为 60%～100%，相对标准偏差(n＝6)为 2.64%～9.38%。以 $S/N \geqslant 10$ 计算检测低限为 5 mg/kg。

表 11-1　邻酪氨酸的添加回收和精密度实验(HPLC 检测)

基质	添加浓度 w/(mg/kg)	平均回收率 R/%	RSD s_r/%
鸡肉	5	64.4	6.21
	10	74.8	4.24
	50	88.3	2.64
猪肉	5	62.1	9.38
	10	72.6	5.26
	50	86.0	3.91

(二)HPLC-MS/MS 技术检测邻酪氨酸

1.试剂

①标准物质:邻酪氨酸(纯度大于 98%)、甲醇(HPLC 级)、猪胰蛋白酶、正己烷、乙酸锌(分析纯);实验用水为二次蒸馏水。

②邻酪氨酸标准溶液:准确称取 100 mg 邻酪氨酸标准品,用水配成 1 g/L 的邻酪氨酸标准储备液,4℃保存,根据需要用水将邻酪氨酸标准储备液稀释至适当浓度,作为邻酪氨酸标准工作液,4℃冰箱保存。

③0.5 g/L 猪胰蛋白酶溶液:准确称取 5 mg 猪胰蛋白酶,用水溶解并定容至 10 mL。

④5%的乙酸锌溶液:准确称取 5 .00 g 乙酸锌,用水溶解并定容至 100 mL。

2.仪器

液相色谱-串联质谱仪:配有电喷雾离子源、分析天平、Millipore 纯水制备系统、自动加液器、旋涡混合器、恒温箱、离心机、50 mL 带刻度离心管、0.2 μm 水相滤膜。

3.步骤

(1)样品处理

称取 1.0 g 均质样品(精确至 0.01 g)置于 50 mL 具塞离心管中,加入 0.5 g/L 猪胰蛋白酶溶液 200 μL,加水至 10 mL,于 37℃恒温水解 24 h。水解液加入 20 mL 正己烷,涡旋混匀,4 000 r/min 离心 5 min,弃正己烷上清液。再加入 5%的乙酸锌 200 μL,涡旋混匀,取 1.5 mL 水解液至离心管中,14 000 r/min 离心 15 min,过 0.2 μm 水相滤膜,供 HPLC-MS/MS 测定。

(2)色谱质谱条件及参数

色谱柱：C_{18}柱(100 mm×2.1 mm，粒径 1.9 μm)，或相当者；流动相：甲醇－水，梯度洗脱程序：0～3 min，水相 93％；3～4 min，水相 93％～90％；4～5 min，水相 90％；5～7 min，水相 90％～93％；流速：0.18 mL/min；进样量：10 μL；柱温：30℃。

Thermo TSQ HPLC－MS/MS 仪器参数：离子源：电喷雾 ESI，负离子；MRM 模式检测：选择离子对 m/z 180.0→107.1，m/z 180.0→119.2 和 m/z 180.0→136.2 作为定性离子，其中 m/z 180.0→119.2 作为定量离子；喷雾器电压：2 500 V；雾化器温度：250℃；鞘气电压：35 V；辅助气电压：5 V；毛细管温度：250℃；碰撞能量：23 V；管透镜偏移：117。

4.数据分析

(1)样品水解方式的选择

考察了两种不同的样品水解方式。①盐酸水解：称取样品 0.2 g，加入 1 mL 2 mol/L 盐酸，110℃水解 24 h，水解液冷却至室温后，将盐酸挥发掉，调节 pH 到中性，用水定容至 1 mL。14 000 r/min 离心 15 min，过水相滤膜后上机测定。②酶水解：具体见样品处理步骤。

选择未辐照鸡肉作为阴性基质，添加邻酪氨酸 1.0 mg/kg，检测两种不同水解方式下的回收率，结果见表 11-2。结果显示，样品酶水解的回收率优于盐酸水解，因此本实验选择酶水解方式水解样品。

表 11-2 酶水解与盐酸水解的比较 %

水解方式	平均回收率 R	RSD s_r
盐酸水解	55	15.9
酶水解	90	11.6

(2)离子源方式的选择

实验采用电喷雾 ESI，正负离子分别检测邻酪氨酸，结果发现正离子模式下有酪氨酸干扰峰，而负离子模式下无此干扰峰，因此实验选择负离子模式检测邻酪氨酸。

(3)线性范围、回收率与精密度

在优化条件下，对质量浓度分别为 10 μg/L、20 μg/L、50 μg/L、100 μg/L、200 μg/L 的邻酪氨酸标准溶液进行检测，考察方法的线性范围，结果表明，邻酪氨酸标准溶液在 10～200 μg/L 范围内，其峰面积与质量浓度呈良好的线性关系，相关系数大于 0.99。

以 5 种含蛋白质未辐照样品(鸡肉、猪肉、牛肉、鱼肉、虾肉)作为阴性样品,取适量标准品加至 1.0 g 样品中,使加标量相当于 0.1 mg/kg、0.5 mg/kg、1.0 mg/kg,按照本方法进行实验,测得方法的回收率和相对标准偏差见表 11-3。结果显示,样品在 0.1 mg/kg、0.5 mg/kg、1.0 mg/kg 加标水平的回收率为 70%～120%,相对标准偏差(n=6)为 6.3%～12.9%。以 $S/N \geqslant 10$ 计算检测低限为 0.1 mg/kg。

表 11-3　邻酪氨酸的添加回收和精密度实验(HPLC-MS/MS 检测)

基质	添加浓度 w/(mg/kg)	平均回收率 R/%	RSD s_r/%
鸡肉	0.1,0.5,1.0	81,88,90	8.3,8.5,11.6
猪肉	0.1,0.5,1.0	83,90,97	8.8,11.4,11.2
牛肉	0.1,0.5,1.0	81,85,92	7.8,10.6,12.9
鱼肉	0.1,0.5,1.0	81,90,93	8.1,10.3,12.7
虾肉	0.1,0.5,1.0	80,85,91	8.2,6.3,8.7

三、应用

(一)HPLC 检测辐照鸡肉和猪肉

HPLC 检测 3 个辐照剂量水平下(5 kGy、10 kGy、50 kGy)辐照鸡肉和猪肉样品中邻酪氨酸含量,结果见表 11-4。实验结果显明,辐照剂量在 5 kGy 及以上的鸡肉和猪肉可以检测出邻酪氨酸。液相色谱图见图 11-3 和图 11-4。

表 11-4　辐照剂量与邻酪氨酸含量的剂量反应关系(HPLC 检测)

样品	辐照剂量 /kGy	邻酪氨酸含量平均值 w/(mg/kg)	RSD s_r/%	相关系数 r
鸡肉	5	5.62	11.71	0.999 5
	10	9.36	11.47	
	50	31.47	5.69	
猪肉	5	5.50	10.71	0.999 8
	10	8.79	8.27	
	50	31.11	3.87	

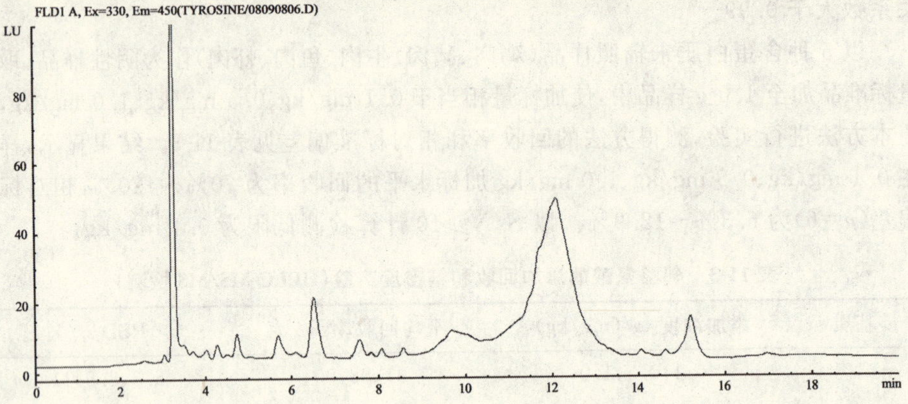

图 11-3　未辐照鸡肉样品液相色谱图

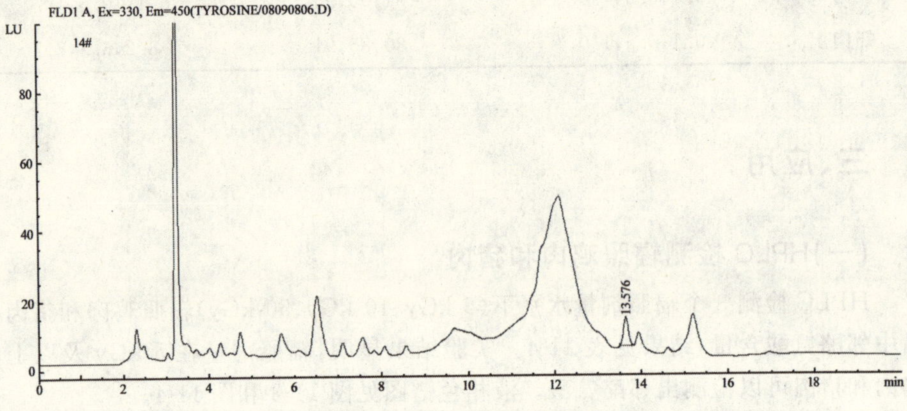

图 11-4　辐照鸡肉的液相色谱图(5 kGy)

(二)HPLC-MS/MS 检测含蛋白质辐照食品

HPLC-MS/MS 检测 2.0 kGy、5.0 kGy、10 kGy 3 个辐照剂量水平下辐照鸡肉、猪肉、牛肉、鱼肉和虾肉样品中的邻酪氨酸含量(表 11-5)。实验结果表明，辐照剂量在 2.0 kGy 及以上的鸡肉、猪肉、牛肉、鱼肉和虾可检出邻酪氨酸，其含量明显高于未辐照样品。未辐照样品与辐照样品的谱图见图 11-5 和图 11-6。邻酪氨酸含量随着辐照剂量增加而增加，两者呈线性相关，相关系数(r)大于 0.98。实验发现，辐照剂量在 2.0 kGy 及以上的样品在－20℃保存 6 个月后仍可检出邻酪氨酸。

表 11-5　辐照剂量与邻酪氨酸含量的剂量反应关系(HPLC-MS/MS 检测)

样品	辐照剂量/kGy	邻酪氨酸含量平均值 w/(mg/kg)	RSD s_r/%	相关系数 r
鸡肉	2.0	0.106	8.29	0.998
	5.0	0.244	4.66	
	10	0.539	8.87	
猪肉	2.0	0.120	9.77	0.986
	5.0	0.226	5.79	
	10	0.598	3.71	
牛肉	2.0	0.113	9.60	0.996
	5.0	0.238	5.59	
	10	0.537	7.69	
鱼肉	2.0	0.125	11.3	0.989
	5.0	0.224	6.58	
	10	0.619	5.39	
虾肉	2.0	0.135	8.93	0.993
	5.0	0.262	4.05	
	10	0.614	7.01	

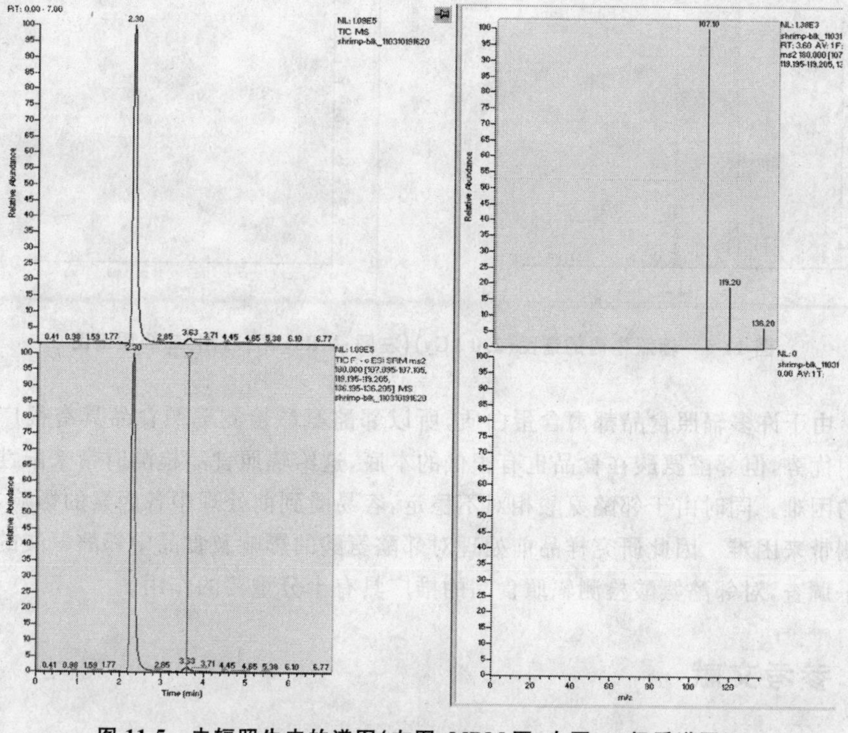

图 11-5　未辐照牛肉的谱图(左图:MRM 图;右图:二级质谱图)

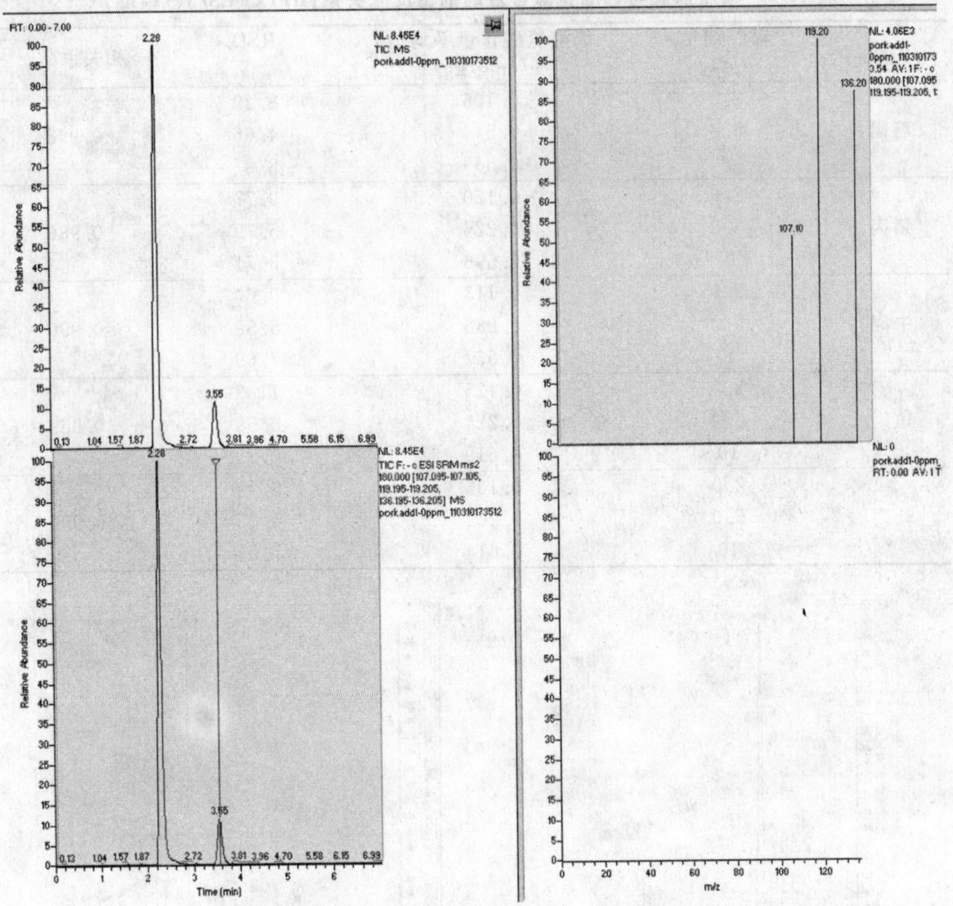

图 11-6 辐照牛肉的谱图(2.0 kGy)(左图:MRM 图;右图:二级质谱图)

由于许多辐照食品都富含蛋白质,所以邻酪氨酸检测辐照食品具有很广泛的应用优势,但邻酪氨酸在食品也有很低的本底,这给辐照食品检测时带来阳性判断上的困难。同时由于邻酪氨酸相对不稳定,容易受到前处理中各因素的影响,会给检测带来困难。因此研究样品前处理对邻酪氨酸的影响及食品中邻酪氨酸的本底水平调查,对邻酪氨酸检测辐照食品的推广具有十分重要的作用。

参考文献

[1] 哈益明,周洪杰. 辐照食品分析检测技术的研究进展. 食品科学,2005,

26(6):260-265.

[2] 汪海燕，徐晓洁，叶庆富. 辐照食品检测技术的研究进展. 核农学报，2004，18(2)：137-142.

[3]Makoto Miyahara，Hitoshi Ito，Akiko Saito，et al. Detection of irradiation of meats by HPLC detection for o-Tyrosine using novel laser fluorometric detection with automatic pre-column reaction. Journal of Health Science，2000，46(4):304-309.

[4] Chuaqui-Offermanns N，McDougall T. An HPLC method to determine o-Tyrosine in chicken meat. Agric. Food Chem.，1991，39:300-302.

[5] Hein W G，Simat T J，Steinhart H. Detection of irradiated food. Eur. Food Res. Technol.，2000，210:299-304.

[6] 王东辉，王敏，韩丽，邓晓军，盛永刚. 高效液相色谱法检测 γ-射线辐照食品中的邻酪氨酸. 食品科学，2009，30(10)：236-238.

[7] 林琳，张可，钱和. 辐照鸡肉邻位酪氨酸含量检测方法的研究. 食品科学，2010，31(10)：188-191.

[8] 郑蓉，丁卓平，严罗美，宁啸骏，虞成华. 高效液相色谱测定邻位酪氨酸样品前处理研究. 上海计量测试，2011，38(1)：28-32.

[9] 王敏，张秀芹，杨振宇，仲维科，陆地，郑文杰. HPLC-MS/MS 检测含蛋白质辐照食品中的邻酪氨酸. 分析测试学报，2011，30(10)：1187-1190.

附录1 直接落射荧光滤膜技术/需氧菌平板计数法所需试剂配制方法

1.1 总则

分析过程中仅可采用分析纯试剂。DEFT 和 APC 检测中使用的所有试剂须经 0.2 μm 滤膜过滤或高压灭菌无菌处理。

1.2 蛋白胨盐水稀释液

1.2.1 成分

氯化钠	8.5 g
蛋白胨	1.0 g
蒸馏水或去离子水	1 000 mL

1.2.2 制法

在水中溶解各成分。必要时，调节 pH 值，使灭菌后的最终 pH 值为 7.2±0.2，20～25℃。高压灭菌器高压灭菌(121±1)℃，15 min。稀释液储存于玻璃瓶中于 4～6℃可存放不超过 2 周。

1.3 缓冲溶液，pH 3.0

1.3.1 柠檬酸溶液，物质浓度 $c(C_6H_8O_7 \cdot H_2O)$ = 0.1 mol/L

1.3.1.1 成分

一水合柠檬酸	21 g
蒸馏水或去离子水	1 000 mL

1.3.1.2 制法

水溶解一水合柠檬酸。溶液储存于玻璃瓶中于 4～6℃可存放不超过 3 个月。

1.3.2 氢氧化钠溶液，$c(NaOH)$ = 0.1 mol/L

1.3.2.1 成分

氢氧化钠	4.0 g
氢氧化钠溶液，1 mol/L	100 mL
蒸馏水或去离子水	900 mL

1.3.2.2 制法

以水溶解氢氧化钠或稀释氢氧化钠溶液。溶液储存于玻璃瓶中于 4～6℃ 可存放不超过3个月。

1.3.3 完全成分缓冲液,pH 3.0

1.3.3.1 成分

柠檬酸溶液(1.3.1)	100 mL
氢氧化钠溶液(1.3.2)	54 mL

1.3.3.2 制法

混合柠檬酸溶液和氢氧化钠溶液。以柠檬酸溶液或氢氧化钠溶液调节pH值至3.0±0.2。用前须经0.2 μm滤膜过滤除菌。溶液储存于玻璃瓶中于4～6℃可存放不超过3周。

1.4 吖啶橙溶液

1.4.1 缓冲液,pH6.6

1.4.1.1 成分

柠檬酸溶液(1.3.1)	35.5 mL
氢氧化钠溶液(1.3.2)	100 mL

1.4.1.2 制法

混合柠檬酸溶液和氢氧化钠溶液。以柠檬酸溶液或氢氧化钠溶液调pH值6.6±0.2。用前须经孔径0.2 μm滤膜过滤除菌。溶液储存于玻璃瓶中于4～6℃可存放不超过3周。

1.4.2 完全成分吖啶橙溶液

1.4.2.1 成分

吖啶橙	0.025 g
缓冲液,pH6.6(1.4.1)	100 mL

1.4.2.2 制法

在缓冲液(1.4.1)中溶解吖啶橙。用前须经孔径0.2 μm滤膜过滤除菌。溶液储存于棕色玻璃瓶中于4～6℃可存放不超过1周。

注1:可购买浓缩的吖啶橙溶液,并且由于安全原因推荐采用这种方式。

注2:由于吖啶橙被认为是可诱导突变的物质,在称量染色剂时应佩戴一次性手套和口罩。

1.5 2-丙醇

1.6 Triton® X-100,1%清洗液

1.6.1 成分

Triton® X-100	10 mL

蒸馏水或去离子水	1 000 mL

1.6.2 制法

将 Triton X-100 与 80℃热水混合。用前须经孔径 0.2 μm 滤膜过滤除菌。溶液储存于玻璃瓶中于 4～6℃可存放不超过 3 周。

1.7 胰蛋白胨酵母浸膏葡萄糖琼脂(平板计数琼脂)

1.7.1 成分

胰蛋白胨	5.0 g
酵母浸膏	2.5 g
葡萄糖	1.0 g
琼脂(根据凝固的强度决定琼脂的用量)	12～18 g
蒸馏水或去离子水	1 000 mL

1.7.2 制法

在加热直至沸腾的水中溶解各成分或干粉培养基。必要时，调节 pH 值，使灭菌后的最终 pH 值为 7.2±0.2，20～25℃。(121±1)℃高压灭菌 15 min。

附录2　内毒素/革兰氏阴性菌计数法所需试剂配制方法

1.总则

为保证培养基的质量，应按SN/T 1538.1《培养基制备指南　第1部分：实验室培养基制备质量保证通则》、SN/T 1538.2《培养基制备指南　第2部分：培养基性能测试实用指南》进行培养基的制备与性能测试。

2.蛋白胨盐溶液

(1)成分

氯化钠	8.5 g
酪蛋白消化酶	1.0 g
蒸馏水	1 000 mL

(2)制法

将上述组分溶解，混合均匀，调整溶液pH为7.0±0.2(25℃)，分装于试管中，每管9 mL，(121±1)℃高压灭菌15 min。溶液在(4±1)℃最多保存2周。

3.营养琼脂

(1)成分

氯化钠	5.0 g
酪蛋白消化酶	5.0 g
肉类提取物	1.0 g
酵母提取物	2.0 g
琼脂	9.0～18.0 g(由琼脂的凝胶强度决定)
蒸馏水	1 000 mL

(2)制法

将上述组分混合，加热煮沸至完全溶解后，调整溶液pH值至7.4±0.2，(121±1)℃高压灭菌15 min。待琼脂冷却至45～50℃后，倾注于平皿中，每个平皿倾注10 mL。

4.革兰氏阴性菌选择培养基

(1)基础培养基

①成分

牛奶琼脂(BD)	24.0 g
Nisin(40 000 IU/L)	40.0 mg
蒸馏水	997 mL

②制法

将上述组分混合,加热煮沸至完全溶解后,调整溶液 pH 值至 7.4±0.2,(121±1)℃高压灭菌 15 min,冷却至 45～50℃备用。

(2)结晶紫溶液

①成分

结晶紫	10.0 mg
蒸馏水	10.0 mL

②制法

将结晶紫充分溶解在水中,使用 0.22 μm 滤膜过滤除菌后备用,4～6℃可保存 2 周。

(3)青霉素溶液

①成分

青霉素-G(20 000 IU/L)	100 mg
蒸馏水	10.0 mL

②制法

将青霉素充分溶解在水中,使用 0.22 nm 滤膜过滤除菌后备用,4～6℃可保存 1 周。

(4)革兰氏阴性菌选择培养基

①成分

青霉素溶液	1.2 mL
结晶紫溶液	2.0 mL
基础培养基	997 mL

②制法

无菌条件下,将青霉素溶液和结晶紫溶液加入 45～50℃的基础培养基中,混合均匀后分装待用。